동그란 무지개를
보셨나요

전투기 조종사의 하늘 이야기
동그란 무지개를 보셨나요

초판 1쇄 인쇄 2023년 10월 16일
초판 1쇄 발행 2023년 10월 31일

신고번호 제313-2010-376호
등록번호 105-91-58839

지은이 최재영

발행처 보민출판사
발행인 김국환
기획 김선희
편집 이상문
디자인 김민정

ISBN 979-11-6957-081-7   03550

주소 경기도 파주시 해올로 11, 우미린더퍼스트@ 상가 2동 109호
전화 070-8615-7449
사이트 www.bominbook.com

• 가격은 뒤표지에 있으며, 파본은 구입하신 서점에서 교환해드립니다.
• 이 책은 저작권법에 의하여 보호를 받는 저작물이므로 무단 전재와 복사를 금합니다.

전투기 조종사의 하늘 이야기

동그란 무지개를 보셨나요

최재영 지음

비행의 질적 성과는 준비한 시간에 비례한다!

책을 펴내며

　이 책을 쓰는 첫 번째 이유는 하늘에 대한 꿈과 관심이 있는 분들에게 나의 자그마한 지식을 전하는 것이다.

　이 책을 통하여 하늘을 동경하고 꿈꾸는 분들에게 하늘에 대한 지식과 상식을 조금이나마 넓히는 계기가 되기를 바란다. 미래는 꿈꾸는 자의 것이라 했다. 하늘에 대한 막연한 생각에서, 하늘에 대한 이해를 통해, 하늘에 대한 꿈을 현실로 이루어 나아가기를 희망한다.

　현재는 공항에서 비행기를 타고 이동하는 것이 보편화되어 있다. 이러한 탑승객 중에 관심이 있는 사람들은 한 번쯤 의문을 가져보았을 사항으로, 비행기에 날개가 있는데 어떠한 원리로 뜨게 되는가, 엔진은 어떻게 작동되나, 비행기 주변에 붙어있는 부품들은 어떠한 기능을 하는가, 이륙하면 어떠한 길로 이동을 하는가 등의 내용을 포함하였다. 가능하면 쉽게 풀어서 기술하려 노력했지만 어쩔 수 없이 전문용어 등을 사용할 수밖에 없는 표현도 있기 때문에 이해를 바라며, 관련하여 용어 설명 내용을 추가하였다. 전투기 비행에 관한 것은 남북 대치상황과 비행의 높은 난이도 및 복잡함으로 인해 많은 내용을 포함하지 않았다.

비행기와 하늘에 관해 잘 몰랐던 것들에 대한 원리와 이치를 이해함으로써 우리의 현재 업무에도 창의적 아이디어로 변형하여 적용할 수 있을 것이다.

내가 비행기 그리고 하늘과 인연을 맺은 지 어언 40여 년이 되었는데, 이 책을 쓰는 두 번째 이유는 나의 비행 생활을 정리해보는 것이다.

사관학교 졸업 후 30여 년간 공군에서 전투기 조종사로, 한미 연합작전 및 연습훈련 담당관으로, 고등비행훈련 교관으로, 공군본부 및 사관학교와 작전사령부, 비행단 등의 지휘관과 참모로서의 역할을 수행하고, 정년보다 5년 먼저인 2013년 대령으로 명예전역하였다. 전망이 좋은 일, 돈벌이가 잘 되는 일보다는 내가 잘할 수 있는 일을 선택하기로 했다. 바로 비행이었으며, 비행교육원에서 세스나 C-172에 대한 교육을 받은 후 비행교수로 비행하였다. 비행교수로 비행하면서 비행과 관련한 책을 저술해야겠다고 생각한 지 어언 10년이 되었다. 또다시 10년이 지난 후에 후회하지 않기 위해서 지금 이 책을 써 내려가기 시작했다. 그동안 비매품으로 비행과 직접 관련된 책을 2권 썼지만 내가 원하던 내용을 담아 펴내기는 처음이다.

젊은 시절, 한때는 있음과 존재의 의미에 대해 많이 생각했었다. 나는 시간과 공간을 차지하고 있는 "있음"으로 남아있을 것인가, 아니면 시간과 공간에 의미를 부여하고 생각하고 행동하는 "존재"로 남을 것인가에 대한 것이다. 김춘수 시인의 "꽃" 중에서 "내가 그의 이름을 불러주었을 때 그는 나에게로 와서 꽃이 되었다"처럼, 이름을 불러주듯 시간과 공간에 의미를 부여하고 행동함으로써, 꽃이 된 것처럼 우리는 있음이 아닌 가치 있는 존재로 남게 된다.

현역시절, 대학원 석사 논문에 썼던 감사의 글은 두 줄이었다. "나는 나를 명예롭게 만들어준 나의 조국 대한민국에 감사한다." 젊은 시절 나는 나의 주 임무 위주로 생활했다는 것을 극명하게 보여주는 대목이다. 가족의 소중함을 이제야 알게 되었다. 늦었다고 생각할 때가 가장 빠른 시점이라고 했던가, 지금이라도 알게 되어 다행이다. 사랑하는 나의 아내와 나의 세 딸에게 감사의 마음을 하늘에 써 보낸다.

- 2023년 가을 김포공항에서
저자 **최재영**

차례

책을 펴내며 • 4

제1장. 비행장과 공항, 그리고 날틀

01. 비행장과 공항 이야기 • 14
    (1) 우리 곁으로 다가온 공항과 비행기 • 14
    (2) 비행장과 공항 이야기 • 15

02. 날틀 이야기 • 17
    (1) 날틀의 어원과 분류 • 17
    (2) 날틀의 역사 • 19

제2장. 비행기가 나는 원리

01. 비행기에 미치는 힘과 공기의 특성 • 30
02. 양력 이야기 • 34
03. 추력과 항력 이야기 • 42
04. 날개 끝 소용돌이 이야기 • 48
05. 경계층과 실속 이야기 • 56
06. 프로펠러 이야기 • 61

제3장. 날개와 동체

01. 날개 이야기 • 66
02. 날개에 숨어있는 과학 이야기 • 83

03. 동체 이야기 • 94
04. 동체에 숨어있는 과학 이야기 • 99

제4장. 비행기 엔진

01. 비행기 엔진 종류 이야기 • 102
02. 왕복 엔진 이야기 • 106
03. 터빈 엔진 이야기 • 110
04. 엔진에 숨어있는 과학 이야기 • 121
05. 비행기 연료 이야기 • 142

제5장. 비행기 장치

01. 조종장치 이야기 • 152
02. 고도 및 속도계 이야기 • 164
03. 착륙장치 이야기 • 168
04. 방빙 및 제빙 장치 이야기 • 172
05. 비행기 전기와 등불 이야기 • 177

제6장. 하늘에서의 이야기

01. 하늘길 이야기 • 184
02. 항법 시스템 이야기 • 190
03. 하늘에서 발생하는 현상 이야기 • 194

04. 비행 이야기 • 201
    (1) 비행기 조종 이야기 • 201
    (2) 음속돌파 이야기 • 211
    (3) 전투기 비행 이야기 • 220
    (4) 동그란 무지개를 보셨나요 • 224
    (5) 비행안전 이야기 • 227

제7장. 항공 관련 이야기

01. 인공강우 이야기 • 234
    (1) 동해로 흘러가는 구름을 잡아라 - 인공강우 • 234
    (2) 비의 생성 • 236

02. 항공모함 이야기 • 239
03. 물수제비 폭탄 이야기 • 246
04. 철새들 생활의 과학 이야기 • 250
05. 항공용어 이야기 • 252

제8장. 조종사로서 - 나의 비행과 생활

01. 비행훈련 이야기 • 256
    (1) 메추리, 하늘을 날다 • 256
    (2) Attitude, 비행도 인생도 100점 • 261

02. 나의 비행안전을 지켜준 이야기 • 263
    (1) Too Late~~~!!! • 263
    (2) Expect the Unexpected~~~~!!! • 264

03. 비행교육 이야기 • 267
    (1) 절묘한 순간, 나방이 피토관을 막았다 • 267
    (2) 비행교육에 대한 소회(Impression) • 268
    (3) 공약(公約)이 아닌 공약(空約)과 공항 • 270
    (4) 비행교육을 위한 지원에 대한 소회 • 272

04. 명예로운 직업관 • 275
    (1) 명예로움에 대하여 • 275
    (2) 일하는 방식 - 솔선수범 • 276
    (3) 일하는 방식 - 주인과 손님과 종 • 277
    (4) 일하는 방식 - 변화(Change)와 혁신(Innovation) • 278
    (5) 블랙이글스에게 배운다 - Teamwork • 281

05. 책 속에서 삶을 배우다 • 284
    (1) 내려놓음 - 아브라함이 이삭을 내려놓다 • 284
    (2) 책 읽기의 괴로움과 듣기 • 286
    (3) 세치 혀 - 죽이고 살린다 • 287
    (4) 아니 땐 굴뚝에도 연기 난다 • 288
    (5) 윤리와 법 - 도덕을 무시하는 법 • 291
    (6) 이솝우화 - 아가야, 똑바로 걸어라 • 293
    (7) 우물 안 개구리 • 294
    (8) CEO는 낙타와도 협상한다 • 296
    (9) 법정스님 - 항상 옆에 계신 듯, 항상 좋아한다 • 300

용어 설명 • 304

제1장

비행장과 공항, 그리고 날틀

01. 비행장과 공항 이야기

(1) 우리 곁으로 다가온 공항과 비행기

코로나19 이전인 2019년 7월 한 달간 우리나라 국민의 여객기 탑승 인원은 국내선 556만 5천여 명과 국제선 800만 4천여 명으로 총 1,256만 9천여 명이었다. 인원수로만 단순 계산할 경우, 7월 한 달 동안 우리나라 국민의 약 25%에 해당하는 인원이 여객기를 탑승했다는 얘기다.

2020년 이후 코로나 여파로 여객기 탑승객은 줄었으나, 상황이 진정된 2023년 이후, 국내선은 코로나 이전을 뛰어넘을 만큼 회복되었고 국제선도 회복세를 보이고 있다. 또다시 공항과 비행기는 우리 생활 속에 깊숙이 자리 잡아가고 있다.

인천공항 여객터미널

활주로와 계류장

(2) 비행장과 공항 이야기

비행장과 공항의 차이점은 무엇인가요

비행장은 이륙과 착륙을 위하여 사용되는 육지 또는 수면의 일정한 구역을 말하며, 비행장에 있어야 할 시설로는 항공기의 이륙·착륙을 위한 시설과 그 부대시설 등이 갖추어져야 한다.

공항은 공항시설을 갖춘 공공용 비행장으로서 항공기의 이륙·착륙 및 항행을 위한 시설과 그 부대시설 및 지원시설, 항공 여객 및 화물의 운송을 위한 시설과 그 부대시설 및 지원시설 등을 포함한다.

비행장과 공항의 가장 큰 차이점은 여객 및 화물 운송을 위한 시설 유무에 있다. 이러한 시설이 있으면 공항, 없으면 비행장이다. 공군 전투비행단을 얘기할 때 지명을 붙여 수원 비행장, 서산 비행장 등으로 부르는데, 공군 전투비행단에는 여객 및 화물 운송 업무를 하지 않아 그러한 시설이 없기 때문이다.

우리나라의 공항은 몇 개인가요?

우리나라에는 여객 및 화물 운송을 위한 15개의 공항이 있다. 국제선을 운항하는 국제공항은 인천, 김포, 제주, 김해, 청주, 양양, 대구, 무안 등 8개이며, 국내선만 운항하는 공항은 광주, 군산, 여수, 원주, 사천, 울산, 포항경주 등 7개이다.

국제공항International Airport은 서로 다른 국가들을 연결하는 공항으로, 국제선 항공기의 입출항을 지원할 수 있도록 일반공항의 기능 외에도 CIQ를 위한 시설과 기능이 추가되어야 한다. CIQ란 Customs세관, Immigration출입국관리, Quarantine검역 등을 의미하고 있다.

15개 공항 중 김해, 청주, 대구, 광주, 군산, 원주, 사천, 포항경주 등 8개 공항은 군 비행장을 같이 사용하지만 여객터미널과 주기장 등은 별도로 운영한다.

AIP Aeronautical Information Publication, 항공정보간행물를 확인하면, 인천, 제주, 청주 공항은 24시간 운영되지만, 기타 공항은 소음민원 등 관련하여 야간 및 새벽에는 운영하지 않는 Curfew Time운항금지시간이 있다. 예를 들어, 김포공항은 23:00~익일 06:00까지가 Curfew Time이다.

02. 날틀 이야기

(1) 날틀의 어원과 분류

날틀은 날아다니는 기계, 즉 '날다'라는 뜻과 기계를 뜻하는 '틀'機틀, 기계, 베틀 기의 조합으로, 비행기의 순우리말로 볼 수 있지만, 순우리말을 사용하자는 취지에서 만들어진 말이며 국어사전에는 명시되지 않은 단어이다. 국어사전에는 '길쌈할 때 필요한 실을 뽑아내는 기구'만 명시되어 있다. 하지만 이 책에서는 뜰 수 있는 기기 및 장치를 순우리말인 날틀이라고 부르겠다.

날틀을 항공안전법 정의에 따라 크게 분류하면 항공기 및 경량항공기, 초경량비행장치로 구분할 수 있다.

항공기는 공기의 반작용으로 뜰 수 있는 기기로써 비행기, 헬리콥터, 비행선, 활공기 등이 포함된다. 비행기와 헬리콥터는 최대이륙중량이 600kg 초과, 수상비행에 사용하는 경우는 650kg을 초과하는 경우에 항공기로 분류된다. 여객기의 경우 고정익이며 추력을 낼 수 있는 엔진 등이 장착되어 있으므로 비행기에 속하며 큰 분류로는 항공기에 포함된다. 비행선의 경우 엔진이 1개 이상일 경우, 활공기의 경우 자체중량이 70킬로그램을 초과 시에는 항공기로 분류된다.

경량항공기는 항공기 외에 공기의 반작용으로 뜰 수 있는 기기로써 최대이륙중량 600kg 이하, 수상비행에 사용하는 경우는 650kg 이하 및 좌석 수 등 기준을 충족하는 비행기, 헬리콥터, 자이로플레인 및 동력 패러슈트 등이 포함된다.

경량항공기-비행기

자이로플레인

초경량비행장치는 자체중량, 좌석 수 등 기준을 충족하는 동력비행장치, 행글라이더, 패러글라이더, 기구류 및 무인비행장치 등을 말한다.

동력비행장치　　　　　　　　행글라이더

(2) 날틀의 역사

이카로스의 꿈, 하늘을 향하여 날아오르다

이카로스Icarus는 그리스 신화에 등장하는 인물로, 발명가 다이달로스의 아들이다. 다이달로스는 미노스 왕의 총애를 받았으나, 파시파에 왕비의 부정을 도와주었고, 아테네의 왕 아이게우스의 아들 테세우스가 미궁으로부터 도망치도록 도움을 주었다는 이유로 아들 이카로스와 함께 크레타 섬의 미궁에 감금되었다. 하지만 뛰어난 장인이었던 다이달로스는 크레타 섬을 탈출하기 위해 새의 깃털을 모아 실로 엮고 밀랍을 발라 날개를 만들었다.

다이달로스는 아들에게 "너무 높이, 너무 낮게도 날지 말거라. 높이 날면 뜨거운 태양이 날개의 밀랍을 녹여버릴 것이고, 너무 낮게 날면 바다의 물기에 의해 날개가 무거워지니 항상 하늘과 바다의 중간으로만 날아라"라고 주의를 주었다.

날개를 단 다이달로스와 이카로스는 하늘로 날아 탈출을 시도하였는데, 이카로스는 하늘로 날게 되자 아버지의 충고를 잊어버리고 너무 높게 날고 말았다. 그러자 뜨거운 태양의 열로 인해 깃털을 붙였던 밀랍이 녹아내려 결국 날개를 잃고서 바다에 떨어져 죽고 말았다.

신화에서처럼 이카로스는 너무 높게 날아 뜨거운 햇볕으로 밀랍이 녹아서 바다로 추락했을까 하는 의문이 생긴다. 대기의 특성 측면에서는 그렇지 않다.

대류권은 지표면으로부터 약 11km까지를 말한다. 대류권은 비행기가 통상 운항하는 구역이며, 기상현상의 대부분이 대류권에서 발생한다. 온도 변화는 표준대기 상태에서 고도 1,000m 상승할 때마다 온도는 6.5℃ 감소한다. 그렇기 때문에 높게 날아 태양열에 의해 밀랍이 녹아서 추락한 것은 신화 속 이야기이지만, 인간은 이카로스를 통해 하늘을 동경하고 끝없는 도전을 해왔음은 사실이다.

이카로스의 비상

비행기 온도계로 측정한 고도별 외부온도, 지상 27℃일 때 23,000피트는 -13℃

최초의 동력비행은 언제 누가 하였나요 - 라이트 형제

인류 최초의 동력비행은 1903년 12월 17일, 미국의 오빌 라이트에 의해 키티호크Kitty Hawk의 킬데블힐스Kill Devil Hills 모래언덕에서 플라이어 1호로 12초간 이루어졌다.

플라이어 1호의 첫 비행은 1903년 12월 14일에 형 윌버 라이트에 의해 시도되었지만 실패하고 기체는 파손되었다. 기체를 수리한 후 12월 17일에 동생인 오빌 라이트에 의해 최초의 동력비행에 성공하였으며, 비행시간은 12초, 비행거리는 36m였다. 그날 네 번째 비행에서는 59초 260m를 비행하였는데, 형 윌버 라이트가 조종간을 잡았다.

플라이어 1호는 가솔린 엔진으로 작동되는 프로펠러 비행기로, 인간이 하늘은 난 최초의 동력 비행기다. 동력을 이용하여 짧은 시간 비행을 하였지만, 1905년 최초로 실용적인 비행기를 제작하는 밑거름이 되었다.

새로운 기관을 설치하여 개량한 플라이어 2호는 1904년 9월 2일, 데이턴 근처의 허프먼프래리에서 비행하였는데, 비행시간은 1분 30초, 비행거리는 1,244m였다. 1905년에 만들어진 세계 최초의 실용 비행기인 플라이어 3호는 38분 3초 동안 39.4km를 비행하는 기록을 세웠으며, 선회 및 방향전환과 8자 비행 등을 쉽게 할 수 있었다.

1906년, 발명한 비행기에 대한 특허를 받은 라이트 형제는 1909년 회사를 창립해 1910년부터 최초로 비행기에 의한 화물수송을 시작하였다.

1908년 라이트 형제는 유럽에서 그들의 비행기를 면허 생산한다는 계약을 맺을 수 있었는데, 이는 유럽의 낙후된 항공기 기술에 많은 변화를 불러오게 되었다. 라이트 형제는 1909년 말까지 유럽과 미국에서 비행기를 제작함으로써 세계 항공기산업을 주도하였으며, 이후 유럽에서는 항공기 기술이 발전함에 따라 라이트 형제의 비행기를 앞서게 되었다. 1912년에 형 윌버는 장티푸스로 사망했으나, 동생 오빌은 1948년까지 항공공학에 값진 공헌을 했다. 비행에만 열정을 쏟았기 때문에 형제는 둘 다 결혼하지 않았다.

라이트 형제의 노력과 열정은 비행기 발명의 성공으로 이어졌으며, 현대 항공산업의 발전을 이끈 선구자 역할을 하였다.

1903년 라이트 형제의 플라이어 1호

우리 영공에서 비행한 우리나라 최초 파일럿은 - 안창남
우리나라 최초로 우리 영공에서 비행한 조종사는 '안창남'이다. 안창남은 1901년 지금의 서울시 종로구 평동에서 태어났다. 그는

1917년, 당시 일본의 식민지였던 한국을 방문한 미국인 파일럿 아서 로이 스미스Arthur Roy Smith가 용산에서 선보인 곡예비행을 보고 비행에 대한 꿈을 가지게 되었다.

아서 로이 스미스와 그의 비행사진

안창남은 1920년 일본 오쿠리 비행학교에서 6개월간 비행교육을 이수한 후 11월에 비행학교를 졸업하였고, 졸업 직후 오쿠리 비행학교에서 학생들을 가르쳤다. 1921년 5월에 치러진 일본 최초의 비행 자격시험에 합격하여 1등 비행사 자격을 취득하였는데, 총 17명이 응시하여 2명이 합격하였고 그중 수석으로 합격하였다. 1922년 일본 비행협회가 주최한 도쿄-오사카 간 우편대회 비행에 참가하여 최우수상을 받았으며, 이로 인해 국내 언론의 주목을 받게 되었다. 당시 최첨단인 비행 분야에서 일본인을 능가했다는 안창남의 소식은 국내에 대대적으로 알려졌고 식민지 조선인들에게 민족의 자긍심을 크게 불어넣어 주었다.

우리나라 상공에서 최초로 비행한 안창남

안창남은 1922년 12월 5일, 여의도 백사장에 착륙하였고 파일럿으로 조국의 품에 돌아왔다. 12월 10일에는 여의도 백사장에서 5만여 명의 인파가 지켜보는 가운데, 한반도 모양을 그려 넣은 금강호를 타고 모국 방문비행을 하였다. 이를 통해 우리의 젊은이들에게 하늘과 비행에 대한 꿈을 심어주는 계기가 되었다.

안창남이 비행했던 금강호

우리나라 영공에서 비행한 최초의 파일럿은 안창남이지만, 우리나라 최초의 파일럿은 서왈보이다. 안창남보다 2년 앞선 1919년 중국 육군항공학교에 입학하여 비행훈련과정을 수료함으로써 최초의 조종사가 된 것이다. 하지만 서왈보를 포함한 대한민국 임시정부의 조종사들은 해외 독립운동가들로서 각각 중국과 미국에서 비행한 기록만 있지 한반도 상공에서 비행한 기록은 없기 때문에, 우리나라 최초의 파일럿은 서왈보가 공식적인 기록이지만, 우리나라 영공에서 최초로 비행한 한국인 파일럿은 안창남이다.

우리나라 최초의 여성 파일럿은 누구인가요 - 권기옥

1901년 1월 11일, 평안남도 평양에서 태어난 권기옥은, 평양 숭의여학교 졸업반이던 1919년 3.1 운동 때 태극기를 만들고, 직접 거리에 나가 만세 시위를 하였다가 체포되어 3주간 평양 경찰서 유치장에 갇혀 지냈다. 이후 임시정부의 연락원 및 임시정부 공채 판매, 군자금 모집 등의 활동을 하다 체포되었으며 6개월간 복역하였다. 출옥 후 1920년 9월 동료들과 상하이로 건너가 망명 생활을 시작하였고 대한민국 임시정부에서 활동하였다.

윈난雲南 육군항공학교에서 동료와 함께, 가운데 권기옥

권기옥은 학창시절인 1917년 미국인 스미스의 곡예비행을 보고 조종사가 되겠다는 꿈을 갖게 되었다.

그래서 1923년 12월 대한민국 임시정부의 추천을 받아 한국인 청년 3명과 함께 윈난雲南 육군항공학교 제1기생으로 입학하였고, 1925년 조종사 자격을 취득함으로써 한국인 여성 최초로 조종사가 되었다.

1925년 5월 상하이로 돌아왔지만, 임시정부의 재정상황 등이 열악하여 항공대 창설은 불가능하였기에, 계속적인 비행을 위해 중국 비행대에서 복무하게 되었으며, 1926년 10월 독립운동가 이상정 '빼앗긴 들에도 봄은 오는가' 시인 이상화의 형과 결혼했다.

광복 후 1949년에 귀국하였으며, 6.25 전쟁 시기에 국회 국방위 전문위원으로 활동하였고, 1977년에는 건국훈장 독립장이 수여되었다.

귀국 후 재산을 장학 사업에 기부하고 서울특별시 중구 장충동 낡은 목조 건물에서 여생을 보냈었던 권기옥은 우리나라 최초의 여성 파일럿이다.

좌 : 이상화 시인, 가운데 : 권기옥 선생, 우 : 이상정 선생

우리가 만든 최초의 비행기는 무엇인가요 - 부활호

우리나라는 KT-1 / KA-1, T-50 / FA-50, KF-21 등 우리가 개발하여 만든 훈련기 및 전투기를 운용하고 있다. 1950년 6.25 전쟁으로 나라가 폐허가 되어 최빈국이었던 우리가, 이제는 초음속 전투기 KF-21을 개발한 나라가 된 것이다. 그러면 우리가 만든 최초의 비행기는 무엇일까.

우리나라에서 최초로 만든 비행기는 부활復活호이다. 부활호는 한국전쟁 중에 공군 기술학교의 주도로 공군사천기지의 한 격납고에서 제작이 이루어졌다. 당시 우리나라에는 항공산업 기반이 전무하였으므로, 제작에 사용된 부품은 기지 내의 기존 항공기의 부품이나 잉여 자재 등을 사용하였다. 엔진과 프로펠러, 착륙장치 및 계기, 조종장치 등은 연락기로 운영하였던 L-4, L-5, L-16 등의 것을 사용하였으며 동체와 날개 등 기체 구조물은 우리가 설계하고 제작하였다. 이때 군사원조로 공급된 알루미늄 합금의 골격재와 판재를 사용하였으며 조종석의 일부는 나무로 만들어졌다. 날개의 뼈대는 금속이고, 날개 윗면과 아랫면은 우포라는 천으로 감싸았다. 당시에는 비행기 제작을 위한 기술력이 턱없이 부족했기 때문에 개략적인 설계를 한 후에 현장에서 부품들을 제작하고 수정해가면서 만들었다. 이러한 어려움을 극복하고 1953년 10월 10일에 기체를 완성하였고, 시험비행은 1953년 10월 11일에 이루어졌으며, 약 2시간 동안 비행했다.

| 1954년 부활호 명명식 | 2004년 부활호 찾았을 때 |

1대만 제작된 부활호는 연락, 정찰, 심리전 등의 다목적 임무를 수행하였는데, 1960년대 이후 돌연 자취를 감추었으나 부활호 개발 책임자였던 이원복 씨 예비역 공군 대령, 1926~2021 의 수소문 끝에 2004년 1월 대구 경상공업고등학교에서 뼈대만 남은 원형을 발견할 수 있었다. 이후 공군 주도로 복원작업이 이루어져 2004년 10월에 완료되었다.

2011. 7. 14. 부활호 개량복원 후 비행하는 모습

2008년 10월에는 등록문화재 411호로 지정된 이후 경상남도와 사천시에 의해 개량복원사업이 시작되었으며, 2011년 6월에 2대가 개량복원되어 시험비행을 실시하였다.

제2장

비행기가 나는 원리

01. 비행기에 미치는 힘과 공기의 특성

비행기에 영향을 주는 힘 - 양력과 중량, 추력과 항력

공기보다 무거운 비행기가 하늘에서 비행하기 위해서는 여러 가지의 힘이 비행기에 작용한다.

우선 비행기의 중량Weight이 영향을 주게 되는데, 날개는 중량을 이겨내고 비행기를 공중에 떠 있게 하는 양력Lift을 발생시킨다. 또한 비행기가 진행할 때, 공기로 인해 진행방향과 반대로 작용하는 항력Drag이 발생되며, 이것을 이겨내는 힘 추력Thrust이 필요하게 된다.

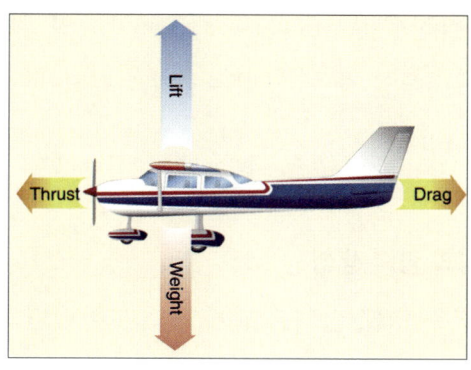

비행기에 미치는 힘

● 추력Thrust은 출력장치 혹은 프로펠러에 의해 생성되는 전방으로 향하는 힘을 의미하며, 항력과 반대방향으로 작용하여 항력을 극복하려는 힘을 말한다.

● 항력Drag은 날개 및 동체 등에서 공기흐름이 간섭을 받으면서 야기되는 후방으로 향하는 힘을 의미한다.

● 중량Weight은 비행기 무게뿐만 아니라 탑승 인원, 연료, 적재물 등으로 인한 전체 하중을 의미하며, 비행기를 중력Gravity 방향으로 내려가도록 잡아당기는 힘을 말한다. 양력과 반대로 작용하며, 비행기의 무게중심C.G : Center of Gravity을 아래쪽으로 잡아당기는 힘이다.

● 양력Lift은 날개 단면Airfoil에 작용하는 공기의 동역학적인 효과에 의해 생성되는 힘을 의미한다. 날개의 수직방향으로 생성되며, 중량과 반대방향이다. 양력은 비행기를 공기 중에 떠 있게 하는 힘이다.

비행기가 직진수평 Straight-and-Level 및 일정한 속도의 등속 Unaccelerated 비행일 경우, "양력은 중량과 같고, 추력은 항력과 같다"는 관계가 성립된다.

공기의 특성과 양력 생성

비행기를 띄우는 힘, 양력은 날개 윗면과 아랫면의 압력 차이로 인해 생성된다.

날개 단면 Airfoil은 윗면이 아랫면에 비해 볼록 솟아나 있으며, 이로 인해 윗면의 공기흐름 속도가 아랫면에 비해 빨라지게 된다. 속도가 빠른 윗면은 베르누이 정리에 의해 압력이 아랫면에 비해 상대적으로 낮아짐으로써 날개를 들어 올리는 양력이 발생된다.

여기에서 중요한 것은 날개 윗면과 아랫면을 따라 흐르는 공기의 특성이다.

공기는 흐르는 유체 Fluid이며, 유체분자끼리 서로 붙어있으려는 점성 Viscosity이 있다.

점성과 관련하여, 물속의 잠수함은 물의 높은 점성으로 인해 마찰이 발생되어 빠른 속도를 낼 수 없다. 하지만 날개 윗면과 아랫면을 흐르는 공기는 액체에 비해 낮은 점성을 가지고 있으므로 날개 표면을 쉽게 흐를 수 있으며, 빠른 속도를 낼 수 있다.

공기는 흐르는 유체라고 하였는데, 밀폐된 용기에 적은 양의 액체를 넣고 공기를 빼낸다면 점성으로 인해 액체는 모여있게 되며, 공기만 들어있는 밀폐된 용기에서 공기를 빼낸다면 공기는 낮은 점성으로 인해 용기를 채우기 위해 팽창하고 압력은 낮아지게 된다.

이러한 공기의 특성을 날개에 적용하면, 날개 윗면의 공기흐름 속도가 아랫면에 비해 빨라짐에 따라, 날개 윗면의 공기는 낮은 점성으로 인해 팽창되어 압력이 낮아짐으로써 양력이 발생하게 된다.

그러면 양력 생성의 기반이 되는, 속도가 빠르면 압력이 감소하는 베르누이 정리와 날개 윗면의 공기는 아랫면에 비해 왜 빨라지는지, 그리고 받음각과 양력생성에 대해 알아보겠다.

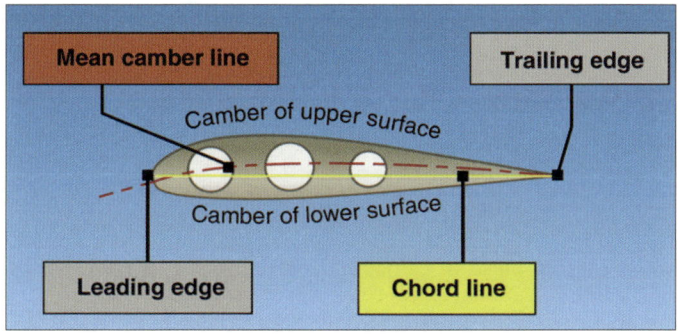

날개의 단면 - Airfoil

먼저 날개의 단면인 에어포일에 대해 살펴보면, Leading Edge는 날개의 앞전, Trailing Edge는 날개의 뒷전을 의미한다. 시위선 Chord Line은 날개의 앞전과 뒷전을 연결한 선이며, 캠버 Camber는 날개에서 양력이 잘 발생하도록 볼록하게 만든 모양이며, Mean Camber Line은 날개 윗면과 아랫면의 중간을 표시한 선이다.

02. 양력 이야기

비행기를 띄우는 힘, 양력 - 날개를 흐르는 공기

비행기를 하늘에 떠 있게 하는 힘, 양력Lift은 날개 윗면과 아랫면을 흐르는 공기의 압력 차이로 생성된다.

캠버가 있는 날개는 받음각이 0이어도 양력이 발생되며, 캠버가 없는 날개도 받음각이 있다면 양력이 생성된다.

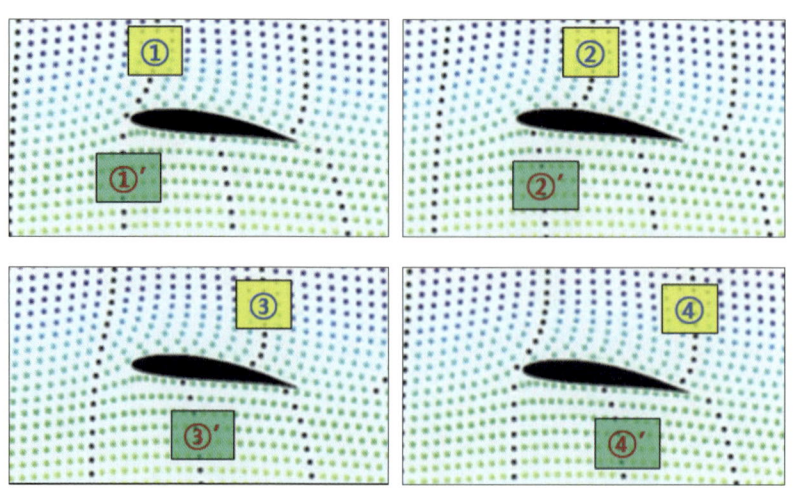

양력 풍동실험 애니메이션, 날개 위 아래 공기흐름

앞의 그림을 참고하면, ①번 앞전Leading Edge에서 출발한 공기흐름은 ②번으로 이동하는데 윗면의 공기 속도가 아랫면에 비해 확연히 빠름을 알 수 있다. 아울러 ③번과 ④번 또한 윗면의 공기 속도가 빠른 것을 알 수 있는데, 베르누이 정리에 따라 속도가 빠르면 압력이 낮아지므로 비행기를 띄우는 양력이 위쪽으로 생성된다.

비행기를 띄우는 힘, 양력 - 속도가 빠르면 압력이 낮아진다

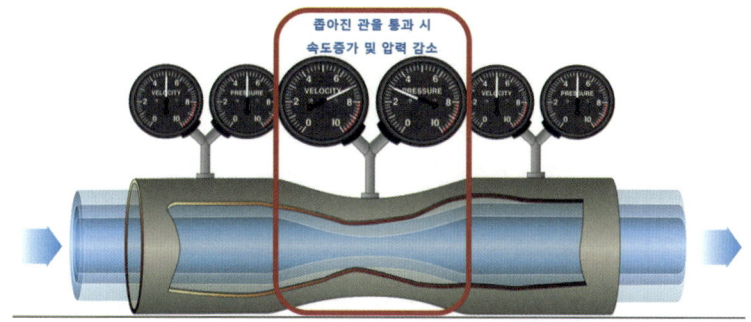

벤츄리 관 통과 시 속도 증가 및 압력 감소

베르누이 정리는 벤츄리 관을 통해서 이해할 수 있다. 벤츄리 관은 유체가 들어오는 입구를 지나 점점 통로가 좁아지고 좁은 통로를 지나면 다시 통로가 점점 넓어져 공기나 액체가 배출되는 관으로 되어 있다. 배출구의 지름은 유입구와 같다. 관으로 유입되는 유체의 질량은 질량보존의 법칙에 따라 관 밖으로 나가는 질량과 정확히 같아야 하므로, 좁은 부분에서 같은 양의 유체를 통과시키려면 속도가 증가되어야 한다. 유체의 속도가 증가하면 압력은 감소하며, 좁은 지점을 지나고 나면 유체흐름은 다시 느려지고 압력은 증가한다.

날개 윗면의 공기 속도가 아랫면에 비해 빠르기 때문에 윗면의 압력이 낮아짐으로써 양력이 발생된다.

> 양력 공식 L(Lift) = ½ρV²SCL
> ρ : 공기밀도(Slugs per cubic foot)
> V : 속도(ft/sec), S : 날개표면적(ft²)
> C_L : 양력계수(Airfoil 형태와 받음각에 의해 변화)

비행기를 띄우는 힘, 양력 - 왜 윗면의 공기 속도가 빠른가

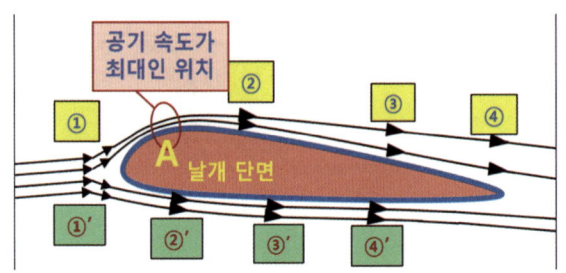

날개 윗면과 아랫면 공기흐름

위 그림에서 날개 앞 ①번 공기는 날개 윗면과 아랫면으로 나뉘게 되는데, 날개 앞전의 윗부분은 아랫면 대비 더 동그랗게 만들어져 있으므로 앞에서 오는 공기가 몰리는 현상이 발생되고, 질량보존의 법칙에 따라 속도가 증가되어 ②번 위치로 이동하게 된다.

공기 속도가 최대인 A 지점은 에어포일의 두께가 가장 두꺼운 지점의 바로 앞부분으로, 공기의 몰림이 가장 많은 곳이다. A 지점을 통과한 공기는 에어포일의 두께가 가장 두꺼운 지점을 지나자마자 아래로 굴곡져 이동 통로가 넓어지는 곡면을 따라 흐르게 되는데, 이때 날개 표면을 따라 흐르도록 잡아당기는 구심력으로 인해 압력이 낮아지고, 이로 인해 A 지점에서의 속도가 최대가 된다.

에어포일의 가장 두꺼운 지점을 지난 공기는 날개 윗면이 아래로 경사짐으로써 이동 통로가 넓어진 곳을 통과하게 되는데, 속도는 A 지점 대비 감소되어 ② → ③ → ④로 이동하게 된다. 하지만 날개 아랫면에 비해서는 빠르다.

날개 아랫면은 윗면에 비해 평평하므로 공기가 몰리지 않고, 이동 통로가 넓어지는 곡면도 없기 때문에 공기 속도는 윗면에 비해 느리다.

날개 윗면의 공기 속도가 빠른 이유는 앞전 윗부분의 공기 몰림 현상과 A 지점 이후 아래로 경사짐에 따라 공기의 이동 통로가 넓어지기 때문이다. 이로 인해 날개 윗면의 공기 속도가 아랫면에 비해 빨라져 윗면의 압력이 낮아짐으로써 양력이 발생된다.

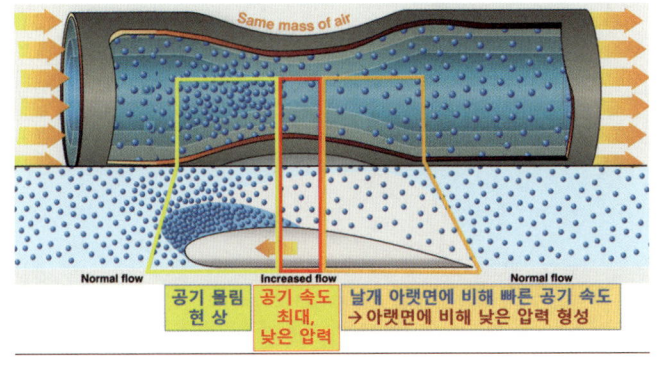

벤츄리 관 및 날개 윗면 공기 흐름

이전 페이지의 그림은 벤츄리 관의 아랫면과 날개 윗면을 비교한 것이며, 날개 앞전 윗부분의 공기 몰림 현상과 이후 아래로 경사짐에 따라 압력이 낮아지고 속도가 빨라지는 현상을 벤츄리 관과 비교하여 그림으로 표현한 것이다.

비행기를 띄우는 힘, 양력 - 잘못된 양력이론

잘못된 양력 이론으로, 날개 윗면의 속도가 증가하는 이유는 앞전에서 분리된 공기는 날개 뒷전에서 동시에 만나야 하므로 굴곡이 진 윗면의 공기 속도가 더 빨라야 한다는 것이다. 그럼으로써 윗면의 압력이 감소되어 양력이 발생된다는 것이다.

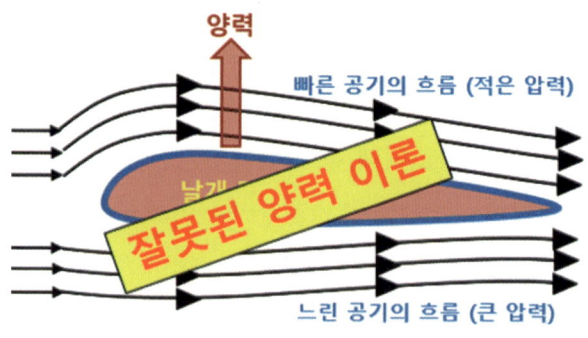

동시통과 이론 - 잘못된 양력 이론

일반적으로 날개 윗면의 길이가 아랫면에 비해 약 5% 이내로 길기 때문에, 속도 차이도 5% 이내가 된다. 이 정도의 속도 차이로는 충분한 양력을 생성할 수 없으며, 풍동실험을 확인하더라도 날개 위쪽의 공기흐름은 아랫면보다 30% 이상 빨라지는 것을 확인할 수 있다.

King Air 350의 경우, 동체 쪽 날개Wing Root는 윗면과 아랫면 길이 차이가 3%이며, 날개 중앙부분은 2.8% 차이다. 그러므로 앞전에서 분리된 공기는 뒷전에서 동시에 만나는 것으로는 충분한 양력은 발생되지 않으며, 풍동실험을 통해서도 윗면의 속도가 훨씬 빠름을 알 수 있다.

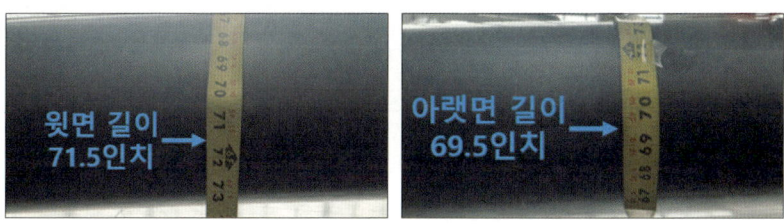

날개 중앙부분 → 2.8% 차이
<King Air 350 날개 중앙부분 윗면 / 아랫면 길이 및 차이>

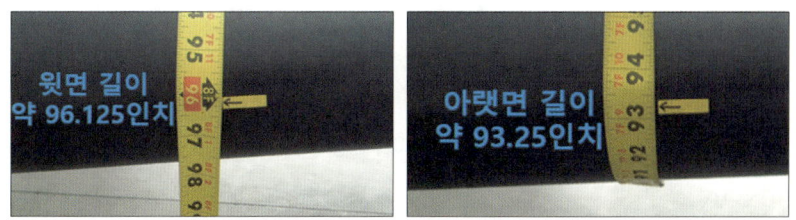

동체 쪽 날개부분 → 3% 차이
<King Air 350 동체 쪽 날개 윗면 / 아랫면 길이 및 차이>

비행기를 띄우는 힘, 양력 - 받음각AOA

받음각Angle of Attack은 상대풍Relative Wind과 날개 단면의 시위선Chord Line 사이의 각도를 의미한다. 상대풍은 비행기 경로에 반대되는 앞바람, 즉 상대되는 바람을 의미한다.

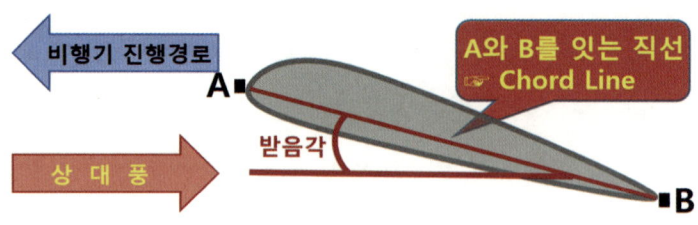

시위선 Chord Line과 상대풍

캠버가 있는 에어포일은 받음각이 0이어도 양력이 발생되며, 대칭형 에어포일이나 평판도 받음각을 증가할 경우 양력계수 c_L가 증가하여 양력이 생성된다.

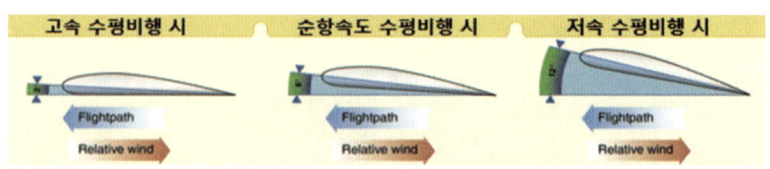

수평비행 시 속도에 따라 변화하는 받음각

속도가 적을 경우 양력이 감소되므로, 받음각 AOA을 증가하여 양력계수 c_L를 증가시킴으로써 감소된 양력을 추가할 수 있다. 반면 속도를 증가시킨다면 양력이 증가되어 고도가 상승되기 때문에 일정한 고도를 유지를 위해서는 받음각 AOA을 감소시켜야 한다.

이처럼 받음각은 양력 생성에 중요한 역할을 한다. 캠버가 있는 에어포일에 추가하여 이처럼 받음각의 증가는 양력계수 c_L를 증가시키므로, 속도가 적은 상태에서도 비행기를 띄우는 충분한 양력을 생성할 수 있게 한다. 전투기가 많은 중력가속도 g-Force로 기동이 가능한 것도 받음각으로 인해 추가적인 양력이 발생되기 때문이다.

받음각 효과 - 날개 윗면의 압력 및 온도 감소로 생성된 비행운

　비 오는 날 이륙을 위해 기수를 올려 날개의 받음각을 증가시켰을 때 날개 위에 생성된 구름은 날개 윗면의 압력이 낮아짐으로써 온도가 낮아져 수증기 응축으로 형성된 것이다. 받음각 증가로 인해 날개 윗면의 압력이 낮아짐을 시각적으로 잘 보여주고 있다.

03. 추력과 항력 이야기

비행기를 전진시키는 힘, 추력 - 뉴턴의 운동법칙

뉴턴의 제1법칙관성의 법칙 "정지해 있거나 직진운동을 하고 있는 모든 물체는 외부의 힘에 의해 간섭받지 않는 한 계속 그 상태를 유지하려 한다." 예를 들어 주기장에 정지된 비행기는 외부 힘이 존재하지 않는 한 정지해 있으려 한다. 일단 비행기가 움직인다면, 관성은 비행기를 계속 움직이도록 한다는 것이다.

뉴턴의 제2법칙가속도의 법칙 "힘은 시간의 변화율당 운동량Momentum의 변화와 동일하다. 질량이 일정하다면 힘은 질량을 가속도에 곱한 것과 같다$F=ma$." 이를 다르게 표현하면 어떤 물체에 일정한 힘이 가해지면, 그 결과 물체의 가속도는 질량에 반비례하고, 가해진 힘에 비례한다는 것이다$a=F/m$.

뉴턴의 제3법칙작용 반작용의 법칙 "모든 운동에는 그와 반대방향으로 동일한 반작용이 존재한다." 예를 들어 프로펠러가 돌면서 공기를 뒤쪽으로 밀어낸다면, 비행기는 밀어내는 공기의 반작용으로 인해 앞으로 전진한다. 이것이 항력을 이겨내는 추력이다.

비행기를 붙잡는 힘, 항력 - 유해항력과 유도항력

항력은 비행기가 앞으로 진행하려는 운동을 방해하는 힘이다. 이러한 항력은 크게 유해항력Parasite Drag과 유도항력Induced Drag으로 구분한다.

유해항력Parasite Drag은 비행기 주변을 흐르는 공기흐름과 공기흐름으로 발생되는 난기류, 비행기 동체 및 날개의 형상에 따라 표면에서 발생되는 공기흐름의 방해 등으로 생성되는 항력이다. 유해항력에는 형상항력Form Drag과 간섭항력Interference Drag, 표면마찰항력Skin Friction Drag이 포함된다.

● 형상항력Form Drag은 비행기 형상에 따라 비행기 주변을 흐르는 공기흐름에 의해 발생되는 항력이다. 동체와 엔진 덮개, 그리고 여러 구성품들이 공기의 흐름을 방해하는 항력을 발생시키게 된다. 비행기를 통과할 때 분리된 공기는 통과 후 다시 합쳐지는데, 얼마나 부드럽고 신속히 합쳐지느냐가 형상항력의 크기를 결정하는 주된 원인이다.

형상항력 그림에서, ①번 그림과 같이 평판을 지나가는 공기는 다시 합쳐질 때까지 많은 소용돌이를 형성하고 이로 인해 항력을 많이 발생시킨다. ②번 그림과 같이 구球를 지나는 공기는 평판에 비해 소용돌이가 작아졌으며, ④번 그림과 같이 구球 앞쪽 및 뒤쪽에 유선형 구조물을 부착했을 경우에는 소용돌이가 현저히 줄어듦을 알 수 있다. 그래서 형상항력을 줄이기 위하여 가능한 많은 비행기의 부분을 유선형 구조Streamline로 설계한다.

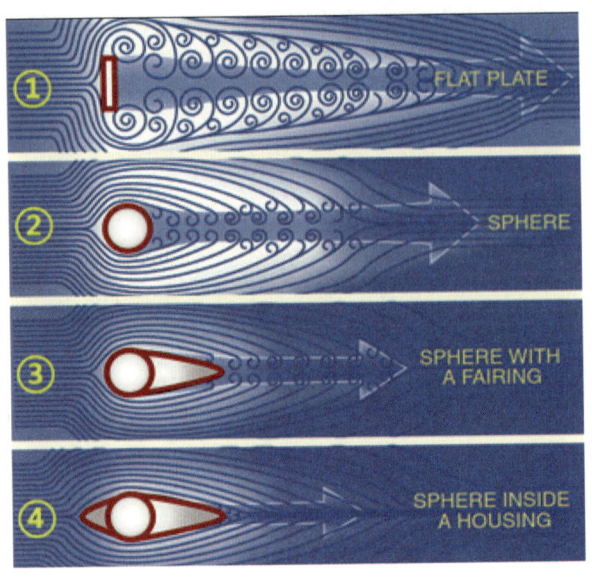

형상항력

형상항력은 골프공의 딤플Dimple을 통해서도 알 수 있는데, 동일한 크기와 무게의 매끄러운 공보다 두 배 이상 멀리 이동하는 이유는 딤플이다. 매끄러운 공은 진행방향 전면에서 공기흐름이 분리되는 박리Separation가 조기에 발생됨으로써 뒤로 갈수록 공의 진행을 방해하는 항력이 커지게 된다. 반면 딤플 공은 딤플로 인한 미세한 난류Turbulence가 박리현상 발생을 지연시킴으로써 공의 뒤쪽까지 공기흐름이 유지되어 항력을 줄이게 된다. 공기흐름의 난류를 유발하는 딤플을 적용하여 항력을 줄일 수 있다고 하는 것은 모순처럼 보이지만, 매끄러운 공의 조기 박리현상으로 인한 항력보다 딤플의 난류로 인한 항력이 상대적으로 작다는 것이 딤플을 적용하는 이유이다.

딤플 공과 매끄러운 공

● 간섭항력Interference Drag은 비행기를 통과하는 소용돌이, 난기류, 부드러운 공기흐름이 교차되면서 발생한다. 특히 동체와 날개가 만나는 날개의 뿌리Wing Root 부분에서는 많은 간섭항력이 발생되는데, 이는 동체를 지나는 공기흐름과 날개를 지나는 공기흐름이 서로 충돌하여 간섭함으로써 이전과는 다른 공기흐름으로 합쳐지기 때문이다.

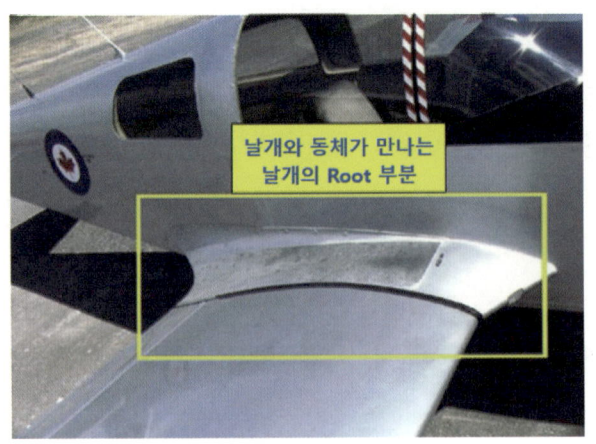

간섭항력

간섭항력이 가장 크게 작용하는 부분은 두 면이 수직으로 만나는 부분이다. 이런 곳의 항력을 줄이기 위해서는 유선형 구조로 제작한다. 전투기의 경우처럼 외부장착 무장이나 연료 Tank를 날개와 이격시켜 장착하는 것도 간섭항력을 줄이는 방법이다.

우리나라에서 개발하여 운용하고 있는 FA-50

● 표면마찰항력 Skin Friction Drag 은 점성이 있는 공기가 비행기 표면을 지나갈 때 점성으로 인하여 공기입자가 표면에 붙어있으려고 하기 때문에 발생하는 항력이다. 이러한 표면마찰항력을 줄이기 위해 날개 및 동체의 표면에 돌출된 리벳이나 나사 따위들이 없도록 매끄럽게 만든다.

유도항력 Induced Drag 은 날개가 양력을 발생시킬 때 동반되는 항력이다. 날개 윗면의 압력이 아랫면보다 낮아지게 되어 날개를 들어 올리는 양력이 발생되는데, 이러한 압력 차이로 인해 날개 끝에서는 아랫면의 공기가 Wingtip 쪽으로 흐르면서 압력이 낮은 위쪽으로 올라가는 날개 끝 소용돌이 Wingtip Vortex 가 형성되고, 이러한 소용돌이와류 의 하향기류 Downwash 가 날개 뒤쪽에 영향을 주어 양력 발생을 감소시키는데, 이것이 Wingtip Vortex 에 의한 유도항력이다.

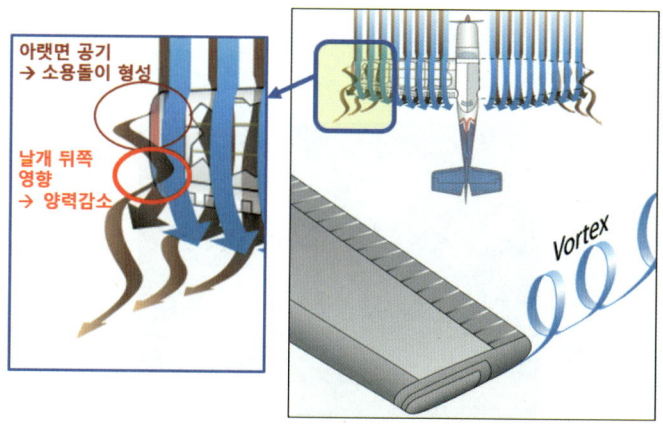

Wingtip Vortex에 의한 양력 감소

04. 날개 끝 소용돌이 이야기

날개 끝에 생기는 회오리 바람은 무엇인가 - Wingtip Vortex

Wingtip Vortex는 양력을 생성하는 과정에서 발생하는 유도항력으로, 날개 끝에서 생성되는 소용돌이와류이다. 이러한 Wingtip Vortex는 적은 속도에서 받음각을 증가시킬 때 더 커지게 되는데, 이는 받음각 증가 시 날개 윗면과 아랫면의 압력 차이가 더 커져 Wingtip Vortex 또한 커지게 되기 때문이다.

농약 살포기에서 발생하는 Wingtip Vortex

Wingtip Vortex는 저속상태인 이륙 및 상승단계와 착륙단계에 가장 크게 발생하고, 비행기 무게가 많을 때와 바퀴나 플랩을 내리지 않은 Clean 외장상태에서 더 크게 발생한다. 이러한 Wingtip Vortex는 양력감소는 물론, 뒤따라오는 비행기에 위험상황을 유발시키는 항적난류Wake Turbulence가 된다.

Wingtip Vortex를 막아라 - 윙렛Winglet 장착

Winglet은 날개 끝 상단 또는 하단에 장착하여 Wingtip Vortex가 생성되는 것을 막아주는 댐 역할을 하게 된다.

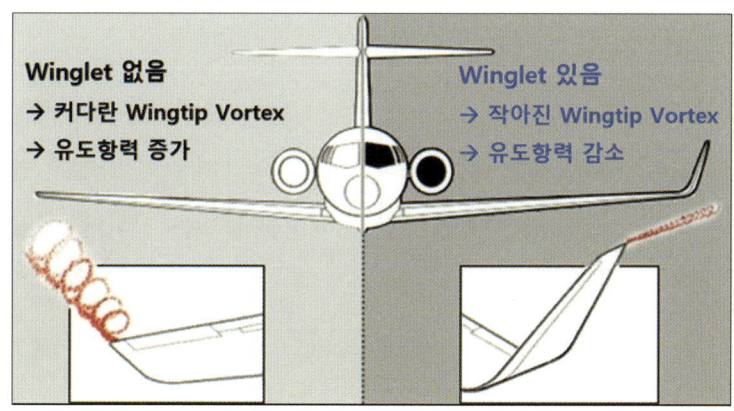

Winglet 유무에 따른 Wingtip Vortex 크기

Winglet을 장착하게 되면, 유도항력을 생성하는 날개 아랫면의 공기가 Winglet에 막혀 소용돌이를 생성하지 못하고 Winglet 끝에서 작은 소용돌이만 생성하게 됨으로써 유도항력이 감소된다. 이러한 유도항력의 감소는 양력의 증가를 가져오기 때문에 적은 엔진

Power로도 순항속도를 유지할 수 있으므로 연료를 절감하는 효과가 있다.

다양한 형태의 Winglet

Wingtip Vortex를 막는 또 다른 방법은 날개 끝을 가늘게 만들어 날개 끝의 윗면과 아랫면의 압력 차이를 줄이는 것이다. 이렇게 함으로써 날개 끝의 공기흐름을 부드럽게 하여 소용돌이와류를 감소시킬 수 있는데, 이를 레이키드 윙팁Raked Wingtip, 뒤로 경사지게 한 윙팁이라고 한다.

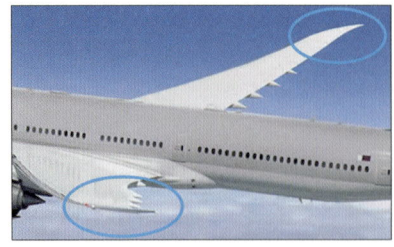 

레이키드 윙팁을 적용한 (좌) Boeing 777X, (우) Boeing 787

Raked Wingtip은 주날개의 후퇴각에 비해 날개 끝 후퇴각을 더 크게 함으로써 소용돌이와류를 억제하는 방식이며, 윙팁이 수직이 아닌 수평으로 장착되어 있기 때문에 윙렛보다 주날개의 면적을 넓히는 효과도 있다.

Wingtip Vortex를 조심하라 - 항적난류 Wake Turbulence

항적난류는 비행기가 지나가면서 발생시키는 Wingtip Vortex에 의한 난류를 말하며, 모든 비행기는 비행 중에 항적난류를 생성한다.

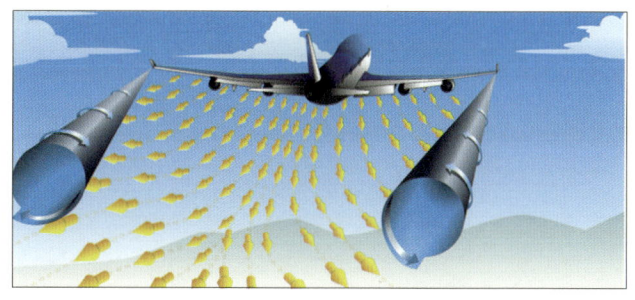

Wingtip Vortex에 의한 항적난류

대형 비행기에 의해 생성된 항적난류에 조우하게 되면 비행기 조종에 심각한 문제를 야기한다. 항적난류에 진입한다면 조종사의 의도와는 무관하게, 소용돌이 되는 공기흐름에 의해 비행기에는 롤링과 요잉, 피칭 모멘트가 전달되어 비행기를 통제할 수 없는 상황에 이르게 된다. 그래서 조종사는 항적난류를 피할 수 있도록 비행경로를 조정해야 한다.

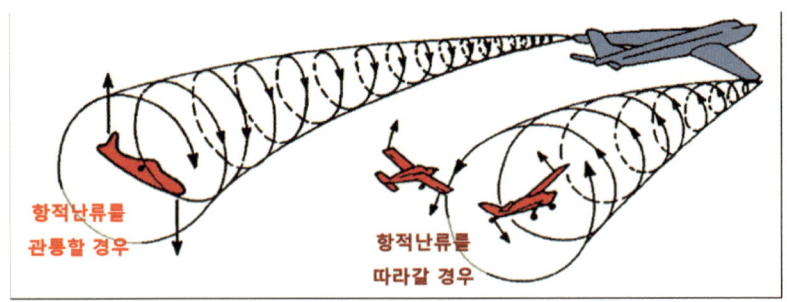

항적난류에 진입한 비행기에 전달되는 모멘트

항적난류 회피구역

항적난류를 회피하는 방법은 다른 비행기의 항적을 따라가지 않아야 하며, 비슷한 경로로 비행할 경우에는 다른 비행기보다 1,000피트 이상 높게 고도를 유지해야 한다.

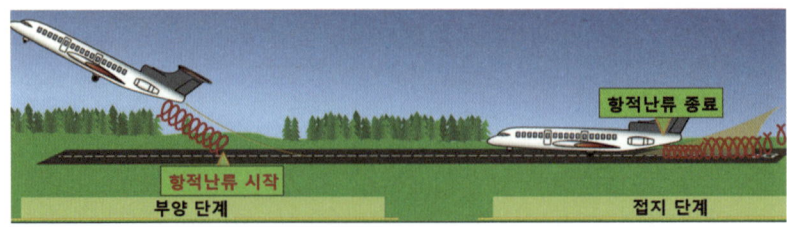

항적난류 회피구역

항적난류는 이륙 시 비행기가 활주로에서 부양하는 순간부터 생성되기 시작하며, 착륙 접지 시 종료된다. 이를 고려하여 여건이 허락하면 이륙 시는 이전 비행기가 부양한 시점보다 먼저 부양되도록 하고, 착륙 시는 앞 비행기가 접지한 지점보다 앞쪽에 접지하면 항적난류를 회피할 수 있으나 조절하기가 쉽지 않다. 그래서 이착륙 시에는 무게별로 차이는 있으나, 앞 비행기와 3분 이상의 간격을 두어야 한다.

Wingtip Vortex를 활용하라 - 지면효과 Ground Effect

조종사들은 착륙할 때 활주로 접지 직전에 비행기가 더 이상 강하하지 않으려는 느낌을 받는다. 이는 비행기가 땅이나 물과 같은 표면에 가까이 접근하면 날개에서 발생하는 Wingtip Vortex는 지면에 의해 그 크기가 약해져 유도항력이 감소되고 양력이 증가되는 현상이 발생되기 때문이다. 이러한 현상을 지면효과 Ground Effect라고 하며, 항공모함에서 이륙하는 비행기를 관찰하면, 항공모함을 벗어나는 순간 약간 가라앉는 듯한 모습을 볼 수 있는데, 이는 항공모함의 이함이륙 갑판을 벗어날 때 지면효과가 사라지기 때문이다. 그래서 지면효과가 발생되면 더 적은 추력으로 비행을 할 수가 있다.

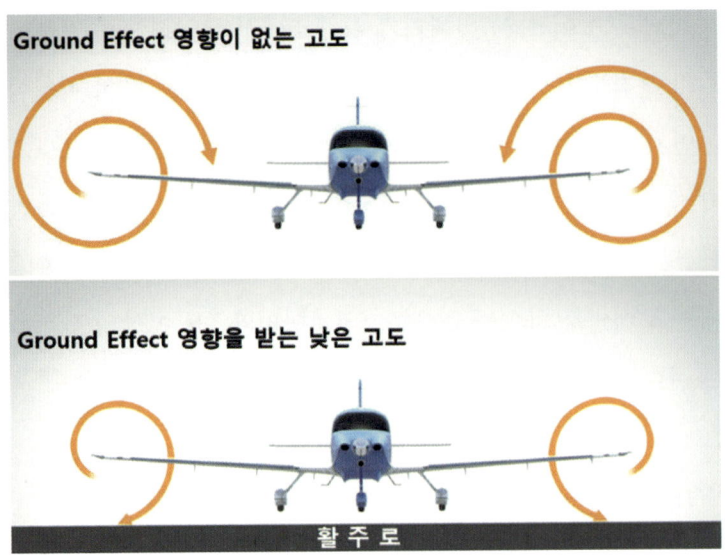

고도에 따른 Wingtip Vortex

Ground Effect는 날개 길이의 고도에서 유도항력을 1.4% 감소시키지만, 날개 길이의 10분의 1에 해당하는 아주 낮은 고도에서는 유도항력이 47.6% 감소된다. 즉, 지면에 가까울수록 유도항력이 감소됨으로써 양력 발생이 증가된다.

위그선 WIG, Wing in Ground Effect Craft 은 선박이라고 하지만, 수면 위를 비행하므로 비행기로도 볼 수 있는데, 날개가 지면 / 수면에 가까워지면서 지면효과로 인해 양력이 추가로 발생함으로써 적은 추력으로 운영이 가능하므로 효율적이다.

물 위를 나는 배 - 위그선

    비행기는 Ground Effect에 의해 일반적으로 요구되는 속도보다 더 낮은 속도에서 이륙될 수도 있지만, 이륙 시 충분한 속도에 도달하지 않고 공중으로 떠오르게 되면 지면효과 영역에서는 안전하게 이륙이 완료된 것으로 여겨지지만, 상승함으로써 그 영역을 벗어나게 되면 순간 유도항력이 증가되어 비행기는 다시 지면으로 내려앉을 수도 있다.

    착륙 시에는, 지면효과 영역으로 들어올 때 양력 증가로 인해 비행기가 활주로에 바로 접지하지 않고, 활주로 위에 떠 있는 듯 밀리다가 접지하는 Floating 현상이 발생된다.

05. 경계층과 실속 이야기

날개 표면을 흐르는 공기흐름 - 경계층 Boundary Layer

경계층은 날개의 표면과 공기가 만나는 얇은 층이다. 공기는 근본적으로 점성을 가지고 있으며, 공기가 날개 표면을 따라 흐를 때 점성으로 인한 표면마찰로 인해 날개 표면에서의 공기흐름 속도가 떨어지게 된다. 그러나 날개 표면으로부터 조금 떨어진 곳의 공기 속도는 점점 커져 어느 거리 이상이 되면 표면마찰의 영향을 받지 않아 정상적인 공기흐름 속도로 환원된다. 경계층 Boundary Layer은 점성에 의한 표면마찰로 공기 속도가 감소되는 날개 표면의 얇은 층을 말한다.

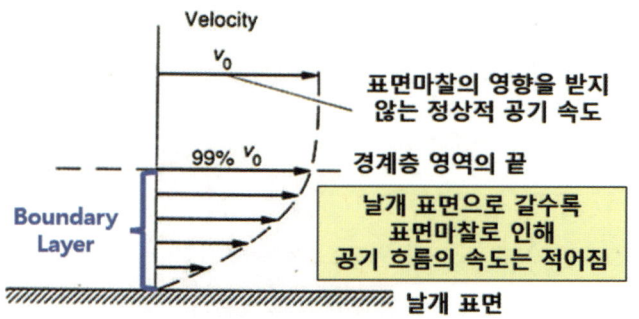

경계층 Boundary Layer

하지만 어느 각도 이상으로 받음각AOA이 증가되면 경계층과 표면 사이의 공기입자 속도가 점차 줄어들게 되어, 공기입자가 더 이상 날개 표면을 따라 흐르지 못하고 떨어져 나가는 현상이 발생되는데, 이것을 박리Boundary Layer Separation라고 한다. 경계층이 날개 표면으로부터 분리될 때 양력의 감소와 항력의 증가를 가져오는데, 대표적인 현상이 실속Stall이다.

예를 들어, 비행기가 일정한 고도를 유지하면서 속도를 줄인다면, 그 비행기는 양력이 감소되기 때문에 기수를 들어 올려 날개의 AOA를 증가시킴으로써 양력을 추가로 생성하게 된다. 그러나 속도가 감소되고 AOA 증가의 한계점에 도달하게 되면 날개 표면을 따라 흐르던 공기입자는 날개로부터 분리Separation되고 이로 인해 실속Stall이 발생하게 된다.

비행기를 떠 있게 하는 양력이 줄어들면 - 실속Stall

받음각AOA을 증가시켜 추가적인 양력을 생성하는 과정에서 최대의 받음각을 초과할 경우 양력이 급격히 줄어들게 되는데, 양력을 생성하는 최대 받음각을 임계 받음각Critical AOA이라고 한다. 양력은 임계 받음각까지는 증가하고, 이를 초과하면 양력은 급격하게 감소된다.

실속Stall은 임계 받음각Critical AOA을 초과할 경우 날개 표면의 공기흐름이 박리Separation되어 양력이 급속히 감소됨으로써 비행기를 조종할 수 없는 상태를 말한다.

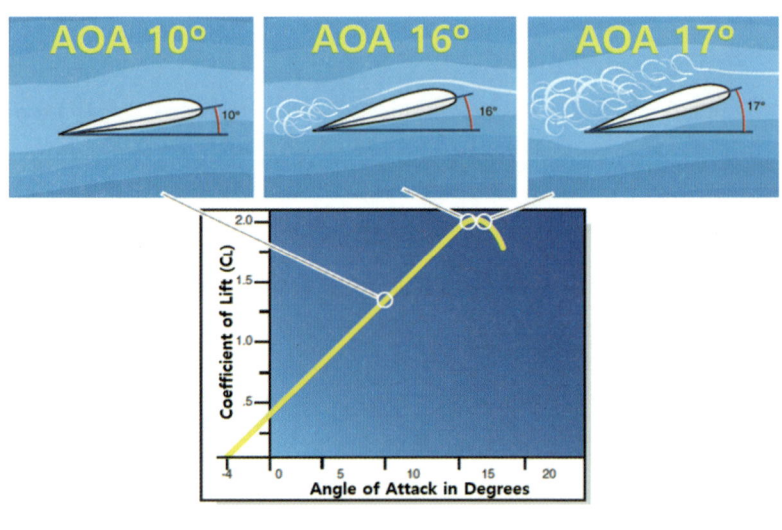

Critical AOA와 실속

위 그림에서와 같이 동일한 날개 단면일 경우, AOA가 증가함에 따라 양력계수 C_L가 증가하여 양력이 증가되는데, AOA 16도일 때 최대양력이 발생되며, 17도가 되었을 때는 박리현상으로 인한 실속Stall이 발생된다. 이 경우 16도가 임계 받음각Critical AOA이 된다.

실속은 날개 표면에 생성되는 Icing에 의해서도 발생된다. Icing은 날개를 지나는 공기흐름을 방해함으로써 Critical AOA보다 적은 AOA에서 박리현상을 유발할 수 있기 때문이다. 만약 0.8mm의 얼음이 날개에 생성되었다면 항력 증가로 인해 양력은 25%가 감소되므로, Icing이 없는 상태에서의 실속 속도보다 더 많은 속도에서 실속이 발생하게 된다.

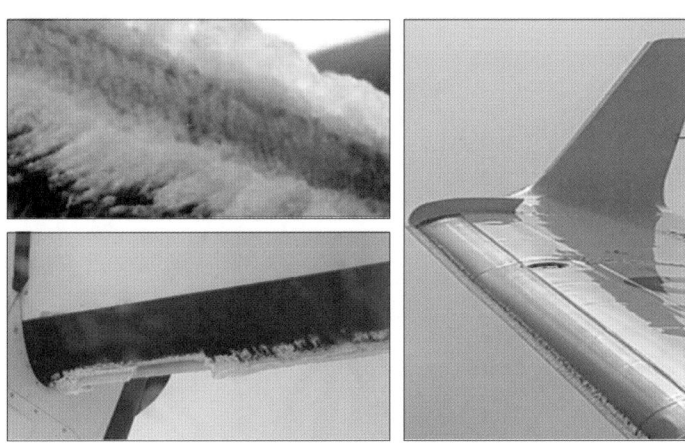

날개에 형성된 Icing

실속을 회복하는 방법은 Nose를 강하시켜 AOA를 줄이고, 추력을 증가하여 속도를 증가시킴으로써 회복할 수 있다.

회전하면서 강하한다 - 스핀 Spin

Spin은 비행기가 나선형 강하 경로를 따라 회전하는 악화된 실속Stall을 말한다. 날개는 실속상태에 있기 때문에 양력은 거의 발생하지 않지만, Spin의 수직축을 중심으로 올라가 있는 날개는 아래쪽 날개보다 속도가 다소 많기 때문에 상대적으로 많은 양력이 발생되고, 이로 인해 Rolling, Yawing, Pitching의 움직임이 만들어짐으로써 실속인 상태에서 자동적으로 회전하는 Spin을 유발한다.

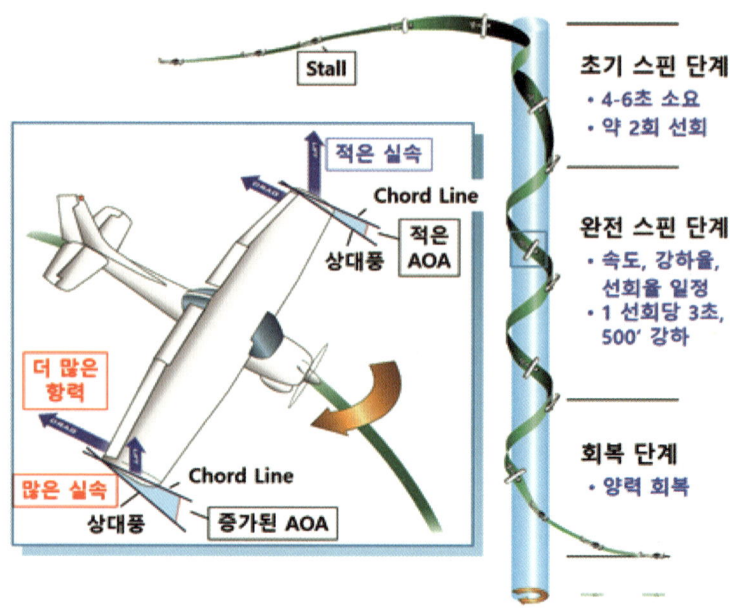

Spin의 진입과 회복

Spin에 대한 회복조작은 우선 추력을 줄임으로써 더 빠른 Spin으로 발전되는 것과 많은 고도손실을 방지하고, 회전하는 반대방향 Rudder를 사용함으로써 회전을 감소시키며, Elevator Control을 과감하게 앞으로 밀음으로써 AOA를 감소시켜 Stall을 회복하도록 한다.

06. 프로펠러 이야기

프로펠러 비행기는 어떠한 특성이 있나 - Left Turn Tendency

프로펠러로 동력을 얻는 비행기의 가장 큰 특징은 출력을 증가 시 비행기가 좌로 가려는 경향Left Turn Tendency이 발생되는 것이다. 프로펠러의 회전방향은 조종석에서 볼 때 시계방향으로 회전하는데, 프로펠러 회전 시 발생되는 현상은 토크 반작용Torque Reaction, 나선흐름 효과Corkscrew Effect, 자이로스코프 운동Gyroscopic Action, 비대칭 하중에 의한 P-Factor 등이다.

토크 반작용Torque Reaction은 뉴턴의 제3법칙 "작용-반작용의 법칙"에 따라 엔진과 프로펠러가 시계방향, 즉 오른쪽으로 회전함에 따라 동체와 날개에는 왼쪽으로 반작용 힘이 생기게 되며 비행기 기수를 왼쪽으로 틀어지게 만든다. 또한 이륙활주Take-off Roll 시 좌측바퀴는 우측 바퀴에 비해 Torque Reaction으로 더 많은 하중을 받게 되어 비행기는 점점 좌측으로 벗어나게 된다. 이러한 현상을 보완하기 위해 엔진을 중심에서 약간 각을 주어 설치를 하고, 반작용으로 기울어지는 쪽의 날개는 더 많은 양력이 발생되도록 설계하기도 한다.

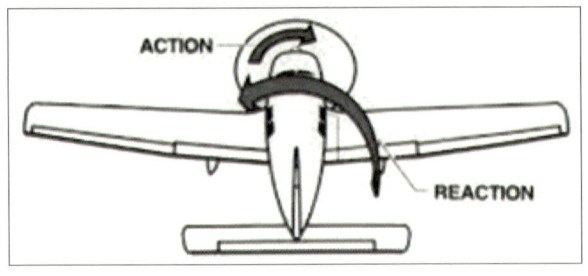

토크 반작용

나선흐름 효과Corkscrew Effect는 프로펠러가 회전하면서, 나선형으로 회전하는 후류를 생성함으로써 나타나는 현상으로, 이러한 회전형 후류는 비행기의 수직꼬리날개에 영향을 주어 비행기의 기수Nose가 좌측으로 틀어지게 한다. 나선흐름 효과는 저속상태에서 높은 추력을 사용할 경우 두드러지게 나타난다.

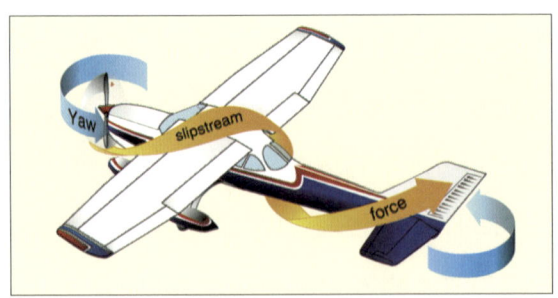

나선흐름 효과

자이로스코프 운동 Gyroscopic Action에서 세차성 Precession은 회전하는 물체에 힘이 주어졌을 때, 최초 힘의 주어진 지점으로부터 회전하는 방향으로 90도 지점에 힘의 결과가 생기는 것이다. 회전하고 있는 프로펠러 역시 Gyroscope의 일종이므로 적용된다.

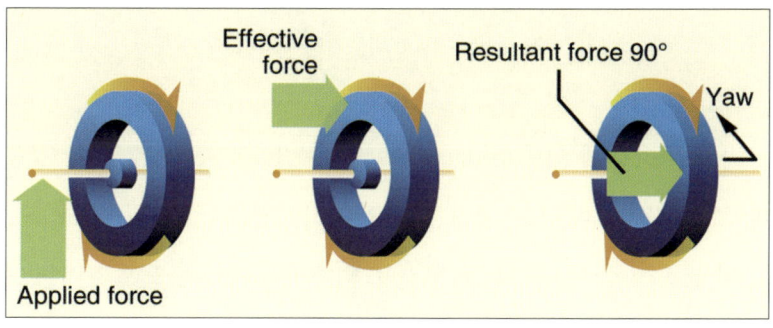

자이로스코크 운동의 세차성

Nosewheel-Type 비행기는 위 그림처럼 이륙을 위해 Pitch Nose를 들게 되면 90도 방향인 우측방향으로 힘의 결과가 생긴다.

하지만 Tailwheel-Type 비행기의 경우, 이륙을 위해 초기에는 Tail을 들어 올린 후, 이륙속도가 되면 Nose를 들게 되는데, 이륙 초기 Tail을 들어 올리는 과정에서 프로펠러에는 아래쪽으로 힘이 주어지므로 회전방향의 90도 방향인 좌측으로의 Left Turn Tendency가 발생된다.

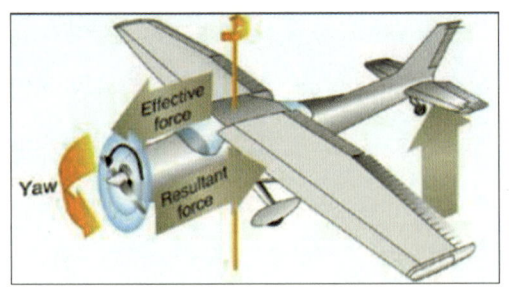

Tailwheel-Type 비행기의 세차성

비대칭 하중에 의한 P-Factor는, 높은 받음각AOA으로 비행 중일 때, 프로펠러의 아래로 내려가는 Blade는 위로 올라오는 Blade보다 더 높은 받음각AOA이 되는데, 조종석에서 바라본 프로펠러의 우측이 좌측보다 더 많은 추력을 발생시킴으로써 비행기를 좌로 틀어지게 하는 Left Turn Tendency가 발생된다.

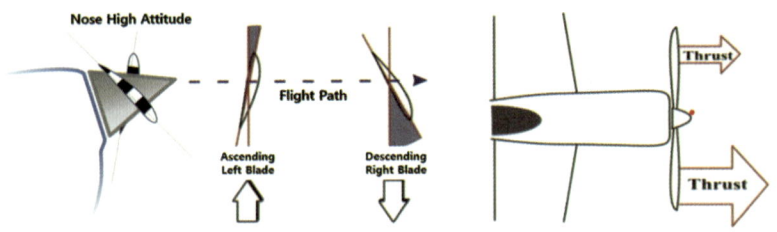

Nose High 자세에서의 P-Factor

이러한 Left Turn Tendency를 효과적으로 통제하기 위해서는 적절한 우측 Rudder와 Aileron 사용, 유연한 Power 조절 등이 필요하다.

제3장
날개와 동체

01. 날개 이야기

날개의 구조는 어떻게 생겼나요

　날개의 주요 구조는 골격 역할을 하는 Spar와 날개의 단면을 형성하는 Rib, 이를 연결하여 고정시키는 Stringer로 구성된다. 대부분의 비행기들은 날개에 연료탱크가 있으며, 날개 뒷전 Trailing Edge에는 에일러론 Aileron과 플랩 Flap 이 장착되어 있다. 에일러론은 날개의 바깥쪽, 플랩은 날개 안쪽에 위치한다.
　좌우 날개에 부착된 에일러론은 서로 반대방향으로 작동하여 비행기에 Roll을 발생시키는 힘을 발생한다. 플랩은 날개 뒷전의 동체에서부터 날개 중간지점 사이에 위치하며, 이륙이나 착륙 시 플랩을 내려 날개에 양력을 증가시킴으로써 적은 속도에서도 이착륙이 가능토록 해준다.

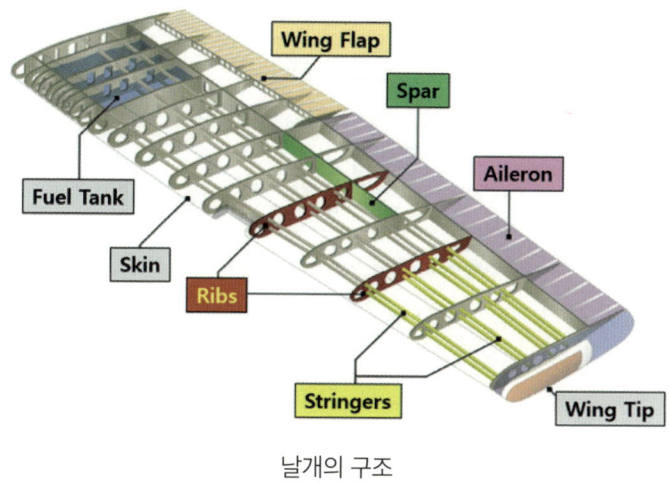
날개의 구조

비행기 속도와 날개를 흐르는 공기의 속도는 다른가요

양력을 생성하는 과정에서, 날개 윗면의 속도는 아랫면에 비해 30% 이상 더 빨라지게 된다. 즉, 날개 윗면을 흐르는 공기의 속도는 비행기 속도보다 더 빠르다는 것이다.

비행기가 음속에 가까운 속도로 비행하게 되면 날개 윗면의 공기 속도는 음속을 초과하게 되고, 이로써 날개 윗면에는 충격파Shock Wave가 발생하게 된다.

충격파는 물체의 속도가 음속 또는 그 이상일 때 물체에 의해 지속적으로 생성된 음파들이 물체 앞 또는 물체 뒤 원뿔 모양으로 압축되어 형성되는 파를 의미하며, 충격파 뒤에는 고압 영역이 형성되어 속도는 급격히 감소되고 압력 및 온도는 증가한다.

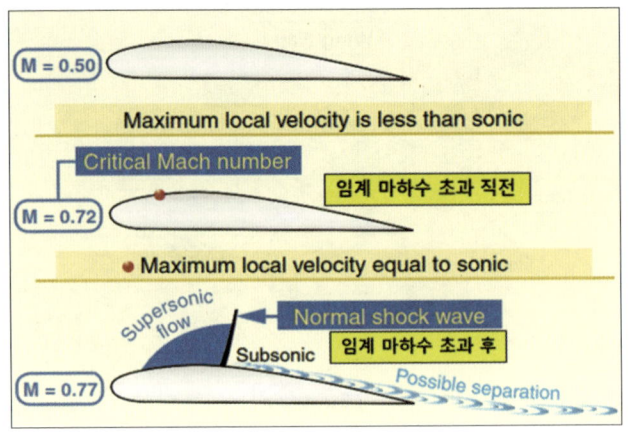

임계 마하수와 수직충격파 Normal Shock Wave

비행기 속도가 음속보다 적은 상황에서도 날개 윗면의 공기흐름은 음속에 도달할 수 있는데, 이때 공기흐름에 수직으로 발생하는 수직 충격파 Normal Shock Wave가 발생된다. 수직 충격파를 지난 공기흐름의 속도는 아음속으로 느려지고 압력과 온도가 증가됨으로써 항력이 증가하는데, 결과적으로 공기흐름의 박리 Separation를 유발하여 양력이 감소되고 비행기의 떨림 Buffet 현상을 발생시킨다.

임계 마하수 Critical Mach Number는 날개 윗면 공기속도가 마하 1.0을 초과하기 직전의 비행기 속도를 의미한다. 일반적으로 임계 마하수 근처의 속도에서 비행하는 것이 효율적이다.

기종	임계 마하수	기종	임계 마하수
Boeing 747	0.855	B-52H	0.91
Boeing 777	0.86	KC-135	0.93
Airbus 330	0.86	C-5	0.75

기종별 임계 마하수

임계 마하수보다 5~10% 많은 속도에서는 압축성 효과가 나타나기 시작한다. 압축성 효과로 인해 항력이 급격히 증가하는데, 항력의 증가는 떨림과 조종면 및 안정성의 변화를 초래하고, 조종 효과의 감소를 가져온다. 이러한 충격파와 충격파를 지난 공기흐름의 실속으로 인해 항력이 급증하기 시작하는 마하수를 항력 발산 마하수Drag Divergence Mach Number라고 한다.

음속과 마하는 다른가요 - 속도 범위Speed Ranges

비행기가 음속과 같은 속도로 움직이면 마하Mach 1.0이며, 표준기온상태인 15℃에서 해수면에서의 음속은 1,224km/h, 661노트knots이다.

음속Sonic은 소리의 속도를 의미하며 통상 340m/s를 적용하지만, 이는 +15℃, 1,000hPa 상태에서의 소리 속도이고, 온도 및 밀도에 따라 음속은 변한다. 음속은 온도에 비례하기 때문에, 현재 비행하고 있는 고도의 온도가 높다면 음속은 증가하고, 낮다면 감소하게 된다.

마하수Mach Number는 비행기가 음속의 몇 배의 속도로 비행하는지를 의미하는 것으로, 현재의 속도를 현 고도에서의 음속으로 나누면 마하수가 산출된다. 마하 0.7은 음속의 0.7배로 비행하는 것을 의미한다.

비행기의 속도 구분으로, 아음속Subsonic은 마하 0.75 이하, 천음속Transonic은 마하 0.75~1.20, 초음속Supersonic은 마하 1.20~5.0, 극초음속Hypersonic은 마하 5.0 이상을 의미한다.

날개를 비틀었다고 하던데요 - Wingtip Washout

비행기의 날개는 동체 쪽 날개 뿌리Wing Root는 동체와의 붙임각을 크게 하고, 날개 끝Wing Tip으로 갈수록 각도가 줄어드는, 비틀림Twist 방식으로 제작한다.

Wingtip Washout

AOA 증가 시 임계 받음각을 초과하면 실속이 발생하는데, 날개를 Twist시켜 Wing Root가 Wing Tip보다 먼저 임계 받음각을 초과하여 실속이 발생되도록 함으로써 Wingtip에 있는 에일러론의 조종 효과 상실을 지연시킬 수 있기 때문이다. 또한 실속에서 회복되는 단계에서도 에일러론의 조종 효과가 우선 회복되기 때문에 안정적으로 비행기를 조종할 수 있다.

날개의 모양이 여러 가지인데, 이유가 궁금해요

비행기의 특성은 날개의 모양과 직접적 관련이 있으며, 원하는 비행기의 특성을 산출해 내기 위해 날개의 가로세로비Aspect Ratio와

테이퍼비Taper Ratio, 그리고 후퇴각Sweepback 등을 고려하여 날개를 제작한다.

가로세로비Aspect Ratio는 날개 길이와 시위선Chord Line의 비율이며, 가로세로비가 클수록 활공성능이 양호하며, 가로세로비와 유도항력은 반비례한다. 즉, 가로세로비가 클수록 양력 발생에 따른 유도항력이 적어져 활공성능이 양호하게 된다.

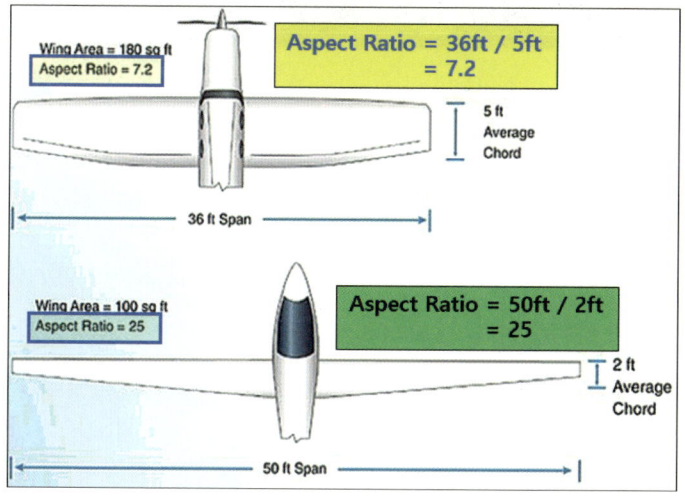

가로세로비Aspect Ratio

테이퍼비Taper Ratio는 Wing Tip 시위 길이와 Wing Root 시위 길이의 비율이며, 직사각형 날개는 테이퍼비가 1이며, 삼각날개는 0이 된다. 날개 부분별 양력 발생은 동체에 가까운 쪽에서 많은 양의 양력이 발생되며, 날개 끝으로 갈수록 적은 양력이 생성되도록 설계하는데, 이는 구조적으로 날개 끝보다는 동체 쪽이 하중을 견

디기에 효율적이기 때문이다. 테이퍼 형태로 날개를 만듦으로써 날개 길이는 줄이고 무게는 감소시켜, 결국 항력은 줄어들고 양력이 증가되는 효과가 발생된다.

테이퍼비 Taper Ratio, 좌측 1 / 우측 0

후퇴각 Sweepback 관련, 비행기가 마하 1.0 이하의 속도를 유지하더라도 날개 윗면의 공기흐름은 음속을 돌파함으로써 수직 충격파로 인한 박리현상이 발생되어 양력이 감소하게 된다. 후퇴각은 날개 윗면 공기흐름의 음속 초과를 지연시킴으로써 비행기의 속도를 더 증가시킬 수 있는 항공역학적 방법이다.

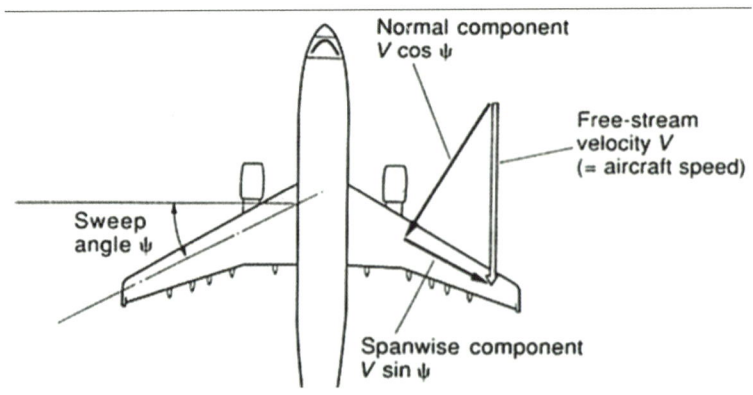

Sweepback 날개의 속도 성분

Sweepback 날개에 부딪히는 공기는 후퇴각으로 인해 Wing Tip 쪽으로 가는 성분, 즉 Spanwise 성분이 형성되는데, 이로 인해 날개에 부딪히는 Free-Stream Velocity는 Spanwise Component와 날개 앞전과 직각이 되는 Normal Component로 나뉘고, Spanwise 성분은 날개를 따라 흐르기 때문에 양력생성에는 기여되지 않고 Normal Component만이 양력생성에 기여하게 된다.

직사각형 날개의 경우 임계 마하수가 0.7이라면, 동일한 날개를 30도 Sweepback 했다면 날개 앞전과 직각이 되는 Normal Component의 마하수가 0.7이므로, Sweepback 비행기 진행방향에 대한 임계 마하수는 0.808로 증가된다. 즉, Sweepback을 통해 비행기의 최대속도를 증가시킬 수 있다는 것이다.

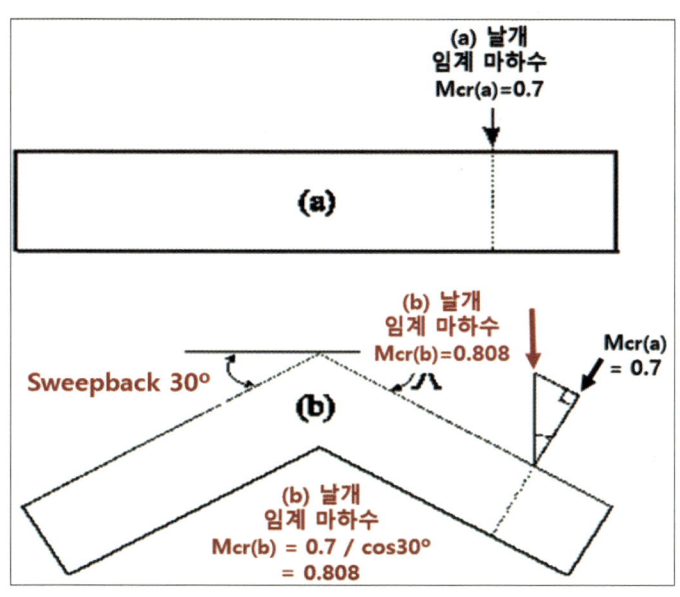

직사각형 날개와 후퇴각 날개의 임계 마하수 비교

왜 날개를 앞으로 젖혀지게 만들었나요 - 전진익

후퇴각 날개는 날개 윗면의 충격파 발생을 늦춰 임계 마하수를 증가할 수 있는 반면, 실속이 날개 끝에서 먼저 발생되어 에일러론 기능을 상실하게 되는 단점이 있다. 이를 방지하기 위해, 받음각을 증가할 경우 Wing Root 대비 Wing Tip의 받음각이 상대적으로 적도록 날개를 Twist하여 Wing Tip의 Stall을 지연시킴으로써 에일러론의 기능을 유지하게 한다.

전진익 - Grumman X-29

전진익 Sweep Forward Wing 비행기는 날개가 앞쪽으로 뻗어 있는 형태로, 공기의 흐름이 Wing Tip에서 Wing Root로 흐르기 때문에 Wing Tip에서 발생하는 실속을 방지할 수 있으므로 에일러론의 기능을 지속 유지할 수 있다. 단점으로는 Wing Tip에서의 양력 발생으로 인한 날개의 구조적 보완 등, 아직은 해결해야 할 사항들이 있어 상용화는 이루어지지 않고 있다.

날개의 형태에 따라 구분은 어떻게 하나요

날개는 양력을 발생시켜 비행기를 공중에 떠 있게 해준다. 이러한 날개는 비행기의 사용 목적에 맞도록 제작되는데, 날개의 구조와 형태 등에 따라 다양하게 구분된다.

좌측부터 고익기, 중익기, 저익기

우선 날개를 동체의 어느 부위에 연결했는지에 따라 고익High-Wing, 중익Mid-Wing, 저익Low-Wing기로 구분한다.

좌측부터 단엽기, 복엽기

또한 날개가 1개일 경우는 단엽기Monoplane, 두 개 이상일 경우는 복엽기Biplane라고 한다.

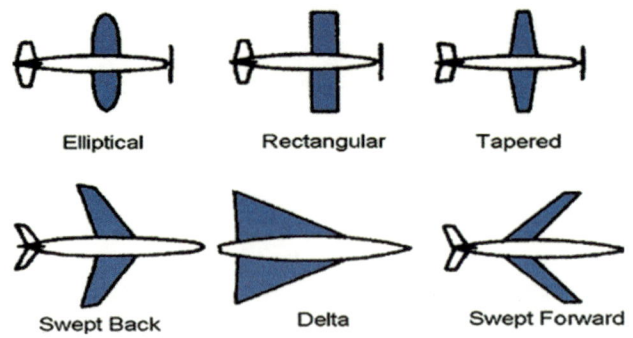

날개 모양에 따른 구분

날개의 모양에 따라 타원형 Elliptical 과 직사각형 Rectangular, 테이퍼 Tapered 날개는 통상 저속 비행기에 적용되고, 천음속 비행기는 후퇴각 Swept Back 및 삼각날개 Delta Wing, 초음속 비행기는 가로세로비가 낮고 높은 후퇴각을 가진 Delta Wing이 통상 적용된다.

날개의 장착 각도에 따른 구분

날개의 장착 각도에 따라, 저익기의 안정성을 향상시키는 상반각Dihedral, 고익전투기의 기동성 향상을 위한 하반각Anhedral, 그리고 평판형Flat 및 갈매기형Gull으로 구분한다.

비행기가 경사졌을 때 수평으로 돌아오려는 힘 - 복원력

비행기가 하늘을 비행하기 위해서 반드시 고려되어야 할 사항으로 안정성과 기동성, 조종성이 있다. 안정성Stability은 원래 상태로 돌아오려는 성질을 의미하며, 기동성은 비행기가 3축 방향에 대해 쉽게 움직일 수 있게 하는 특성이고, 조종성은 조종사가 비행기를 3축 방향에 대해 조종함에 따라 나타나는 비행기의 반응 특성을 의미한다. 안정성을 너무 강조하면 기동성이 떨어지게 되는데, 전투기의 경우는 안정성도 중요하지만 기동성 및 조종성에 보다 더 중점을 두고 있다.

비행기의 날개는 주로 상반각과 후퇴각 날개를 적용하는데 이는 안정성Stability 중에서 가로안정성Lateral Stability, 즉 비행기가 경사졌을 경우 수평상태로 돌아오게 하는 복원력을 증대시키기 위한 방법이다.

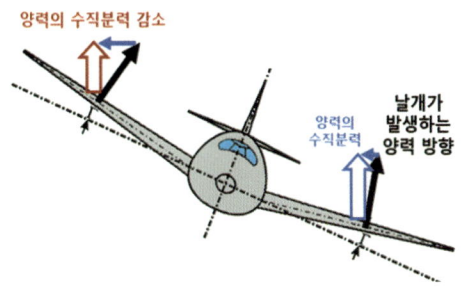

경사 시 상반각 날개의 양력 분포 및 복원력

상반각 날개의 경우, 경사Bank를 주게 되면, 양쪽 날개에서 발생하는 양력은 동일하지만, 실질적으로 비행기를 떠 있게 하는 중력의 반대방향으로 작용하는 힘은 양쪽 날개가 다르다. 즉, 경사진 반대쪽 날개에서 발생하는 양력의 수직분력은 상반각으로 인해 경사진 쪽 대비 감소되어 수평 쪽으로 내려가게 되는데, 이것이 가로안정성으로 인해서 경사진 비행기가 수평상태로 돌아오려는 복원력이다.

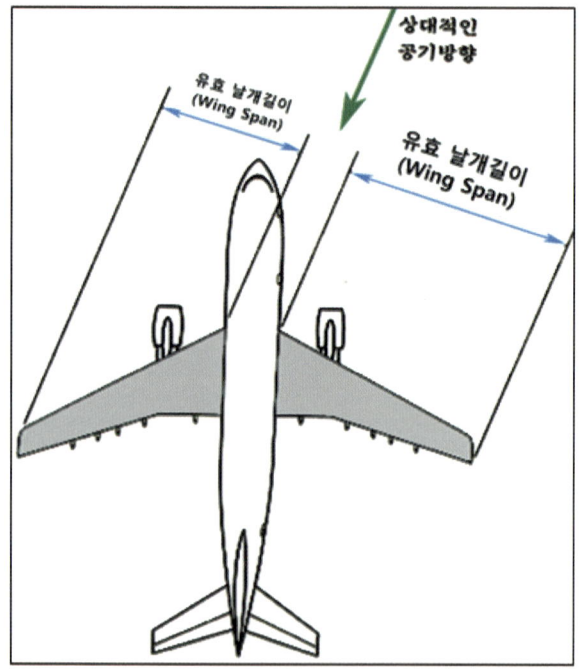

후퇴각Sweepback 날개의 복원력

후퇴각 날개의 경우 그림에서와 같이 우측으로 경사가 져 우측날개가 내려가게 되면, 비행기는 우측으로 흐르는 Slip옆미끄럼, 내활 현상이 발생되는데, 아래로 내려간 날개의 상대풍에 의한 유효 날개 길이가 더 커지게 되어 더 많은 양력을 발생되고, 수평으로 돌아오는 복원력이 생성된다.

이륙 또는 착륙할 때 날개 뒤가 내려오는 이유 - 플랩Flap

착륙을 위해 Flap을 Extend한 Airbus 340

플랩Flap은 고양력 장치High Lift Device이다. 만약 날개에 플랩이 없다면, 이착륙을 위해 현재보다 더 긴 활주로를 만들어야 한다. 만약 플랩 없이 적은 속도로 이착륙이 가능한 비행기를 만들었다면 공중에서 속도 증가 시에는 양력이 필요 이상으로 발생되어 고도가 상승하려 하기 때문에 기수를 낮추어 고도를 유지해야 하는데, 이 과정에서 불필요한 항력Drag이 발생됨으로써 효율성이 저하된다.

만약 공중에서 고속을 유지하는 데 필요한 양력만을 발생하는 날개를 만들었다면 이착륙 시 실속Stall이 유발되지 않도록 고속을 유지해야 하고, 그렇기 때문에 활주로 길이는 더 길어져야만 한다.

이를 보완하기 위해 날개에 장착하는 것이 고양력 장치인 플랩이다. 고속으로 비행 시에 플랩은 날개 안쪽으로 접혀져Retract 있어 추가적 양력은 발생시키지 않는다. 하지만 이착륙은 적은 속도에서 이루어지기 때문에, 속도감소에 따른 양력감소를 보상하기 위해 플랩을 펼쳐Extend 추가적인 양력을 생성하게 한다.

또 다른 플랩의 역할은 속도감소 시에 추가적인 양력 발생을 위해 AOA를 증가시키지 않아도 된다는 것이다. 만약 플랩을 사용하지 않은 상태에서 길이가 정해진 활주로에 착륙하기 위해서는 속도를 줄여야 하는데, 감속에 따른 양력감소를 보상하기 위해 AOA를 증가시켜야만 한다. 즉 기수를 더 들어야 하는데, 이 과정에서 착륙 시 활주로가 비행기 기수Nose에 가려서 안 보일 수도 있다. 하지만 플랩을 사용할 경우, 감속 시 AOA 증가를 최소화한 상태에서 양력을 증가시키기 때문에 기수를 더 들지 않아도 되므로 활주로 확인은 지속 가능하게 된다. 플랩을 펼치게Extend 되면 날개의 단면인 Airfoil의 형태가 변하게 되고 날개 면적 또한 증가되는데, 이러한 것이 고양력을 발생하게 한다.

앞전 고양력 장치Leading Edge Device는 주로 에어포일의 캠버를 변형하여 추가적 양력을 생성하고, Flap 등 뒷전 고양력 장치Trailing Edge Device는 에어포일의 캠버 변형에 추가하여 날개 면적을 증가시킴으로써 추가적인 양력을 생성한다.

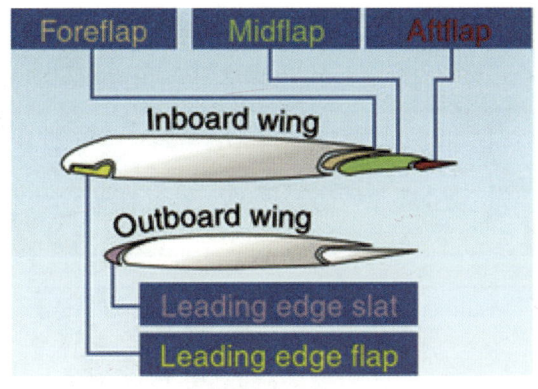

순항 시 Retract된 Flap 예시

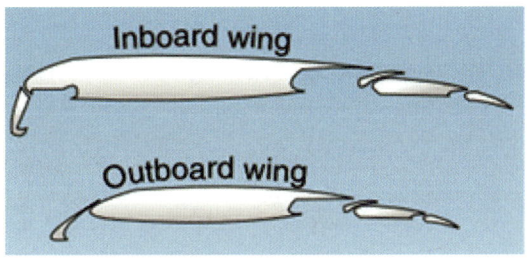

여객기 이륙 시 Flap 사용 예시

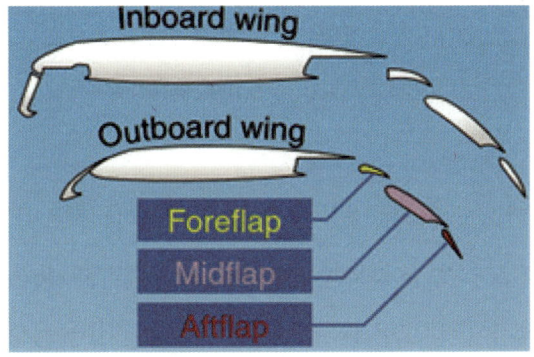

여객기 착륙 시 Flap 사용 예시

 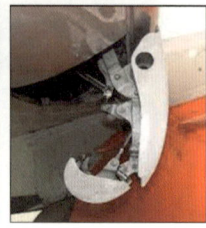

B-737 Inboard Leading Edge Flap,
위 : Retracted, 아래 좌 : Extended, 아래 우 : 측면모습

전투기의 경우 Flap의 역할은 매우 중요하다. 전투기동 시 4~9g, 즉 중력가속도의 4~9배로 기동을 하게 되는데, 전투기의 무게가 20톤일 경우, 7g로 기동한다면 전투기의 무게는 중력의 7배인 140톤이 된다. 무게가 급증함에 따라 날개는 추가적인 양력 생성이 필요하며, 조종사는 전투기동을 위한 받음각AOA을 증가함과 동시에 플랩Maneuver Flap / Auto Flap을 사용함으로써 필요한 양력을 추가로 생성하게 한다.

02. 날개에 숨어있는 과학 이야기

날개 위에 판이 있다, Wing Fence - 저속 조종능력 향상

TU-95 Wing Fence

윙 펜스Wing Fence는 날개에 거의 수직으로 판을 세워 날개 위를 흐르는 공기가 옆으로 비스듬히 흐르지 않도록 함으로써 양력 생성의 효율을 증대시키는 판Fence이다.

Sweepback 비행기의 실속 특성 중 하나는 Wingtip부터 실속이 진행된다는 것이다. 이 경우 날개 끝에 장착된 에일러론이 실속으로 기능을 발휘하지 못해 저속에서의 조종특성이 떨어지게 된다.

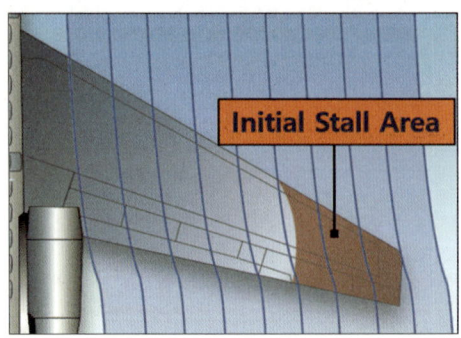

Sweepback 비행기의 Wingtip Stall

공기흐름이 Wingtip 부분으로 휘면서 공기가 날개 표면으로부터 박리되는 것을 최소화하기 위해 Wing Fence를 장착한다. Wing Fence는 공기흐름이 일직선이 되도록 유도함으로써 공기의 박리를 막아주어 날개 전체가 갑자기 실속되는 것을 방지한다.

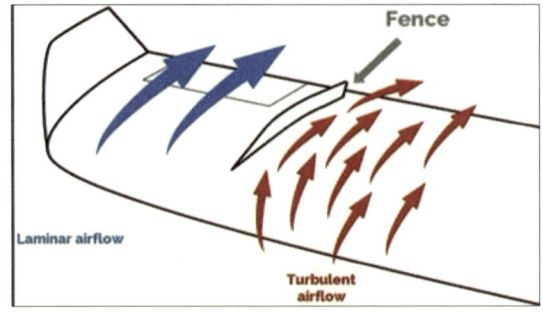

일직선의 공기흐름을 유도하는 Wing Fence

Wing Fence로 인해 공기흐름은 일직선으로 유도되고, 날개 윗면의 난류Turbulent Airflow가 에일러론으로 접근하는 것을 막아주므로 저속에서의 에일러론 조종특성이 양호하게 된다.

MIG-17의 Wing Fence

날개 위에 작은 판이 있다, 와류 발생기 - Vortex Generator

비행기가 높은 받음각으로 비행할 때 날개 위를 흐르는 공기는 날개 앞부분에서 박리Separation 됨으로써 양력이 갑자기 줄어들어 실속에 진입하게 된다.

날개 위 와류 발생기

와류 발생기Vortex Generator는 조그마한 판으로, 날개 표면에 수직으로 올라와 공기흐름의 박리를 지연시키기 위한 와류를 발생시킨다.

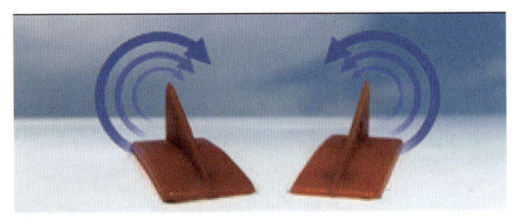

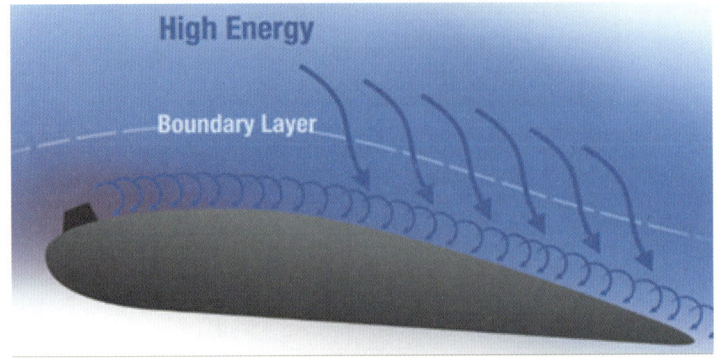

위 : 와류 발생기, 아래 : 와류 발생기에 의한 효과

와류의 중심은 압력이 낮으므로 공기흐름을 날개 표면으로 당기는 효과가 발생되고, 경계층 외부의 빨리 움직이는 공기흐름은 와류 발생기와의 마찰로 인해 느리게 움직이는 경계층 내부로 유입되어 박리현상이 지연된다. 즉 와류 발생기는 경계층 내부와 외부 공기 사이의 섞임을 활발하게 하여 공기흐름의 박리를 지연시켜 주는 역할을 한다.

와류 발생기의 높이는 날개 위에 형성되는 경계층Boundary Layer

두께만큼의 높이로 만들어지며, 사각형이나 삼각형 등의 모양을 갖고 있다.

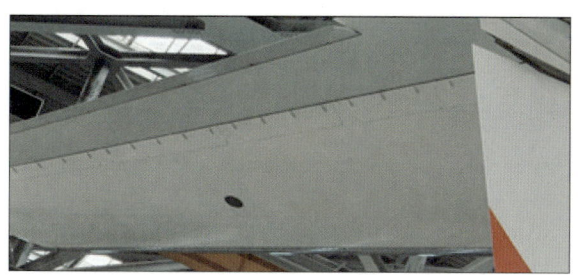

T Tail 비행기 Elevator 앞에 부착된 와류 발생기

공기흐름이 날개로부터 박리되면 실속으로 인해 조종면 효과가 상실되는데, 와류 발생기를 조종면 바로 앞에 장착하여 공기흐름의 박리를 지연시켜 줌으로써 조종면의 효과를 향상시킬 수 있다.

날개 앞 동체 연결 부위에 붙어있는 것은 - Wing Strake

FA-50의 앞전 확장 날개인 Wing Strake

윙 스트레이크Wing Strake는 날개 앞 동체 쪽으로 확장된 날개이다. 주된 이유는 높은 받음각과 낮은 속도에서 공기의 박리를 지연시킴으로써 실속을 방지하기 위함이다.

전투기가 순항 시에는 Wing Strake의 효과는 별로 없다. 하지만 공중전이나 이착륙 중에 발생하는 높은 받음각에서 Wing Strake는 날개 윗면에 박리되지 않는 고속의 소용돌이인 와류Vortex를 생성하게 되는데, Strake Vortex 또는 Leading Edge Vortex라고 한다. 이러한 와류는 날개 윗면을 따라 흐르면서 공기흐름의 박리를 지연시켜 매우 높은 받음각 상황에서도 양력을 생성함으로써 실속을 방지한다.

FA-18E에서 생성되는 Strake Vortex

Wing Strake는 LEX / LERX Leading Edge Extensions / Leading Edge Root Extensions 와 같은 의미로 사용된다.

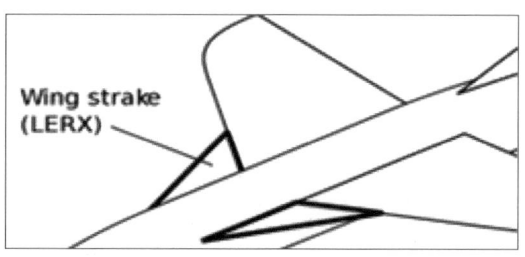

　Wing Strake와 같이 Delta형 날개에서도 와류를 생성함으로써 실속을 지연시켜 양력을 더 생산하는 역할을 한다. Delta Wing의 경우 날개 면적이 넓으므로, 날개의 윗면과 아랫면의 압력 차이가 더 많이 발생하여 양력이 더 생성되며 실속도 지연된다. 그러므로 받음각이 높은 상태에서도 기동이 가능하게 된다.

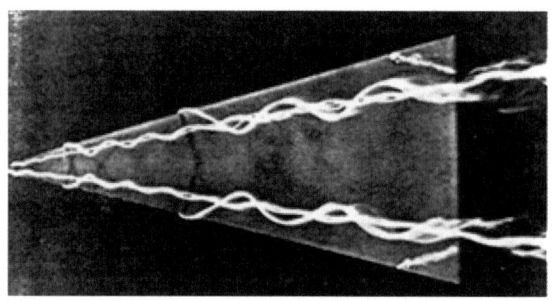

Delta Wing의 Vortex 형성 풍동실험

　지금은 운항하지 않는 Concord는 Delta Wing으로, 받음각이 높은 상태에서도 비행이 가능하다. 착륙 시에는 착륙속도인 저속을 유지하기 위해 높은 받음각을 유지해야 하는데, 기수가 들려있기 때문에 활주로 확인이 안 된다. 그래서 이착륙 시에는 조종사의 활주로 확인을 위해 비행기 앞부분을 아래로 향하도록 내리고, 상승 및 순항 시에는 앞부분을 다시 올린다.

Concord 접지 시 자세

엔진 옆에 상어 지느러미같이 붙있는 것, Nacelle Strake

나셀Nacelle은 비행기 엔진의 덮개를 의미한다. 여객기 나셀 옆을 보면 상어 지느러미같이 돌출된 판이 보이는데, 이것이 Engine Nacelle Strake 또는 Engine Nacelle Chine이라고 한다.

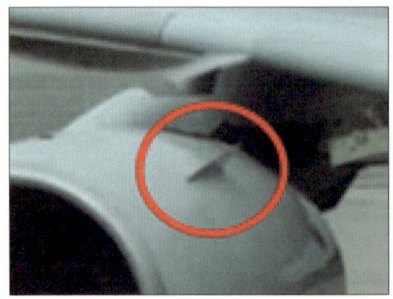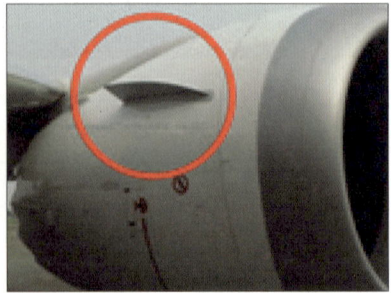

Engine Nacelle Strake / Chine

이륙 및 착륙 시의 높은 받음각에서 엔진 나셀을 흐르는 공기 흐름은 난류로 변화하여 날개 윗면의 박리를 촉진시키게 되는데, Nacelle Strake는 큰 받음각에서 커다란 와류Vortex를 만들어 날개 윗면으로 보냄으로써 박리를 지연시키는 역할을 한다.

Nacelle Strake Vortex

날개 앞에 구멍나서 땜질한 건가요 - Stall Strip, 실속 경고

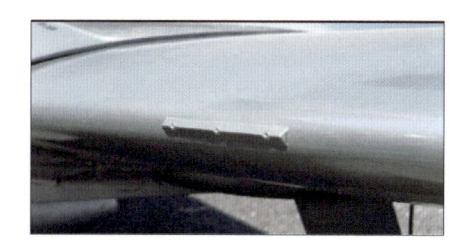

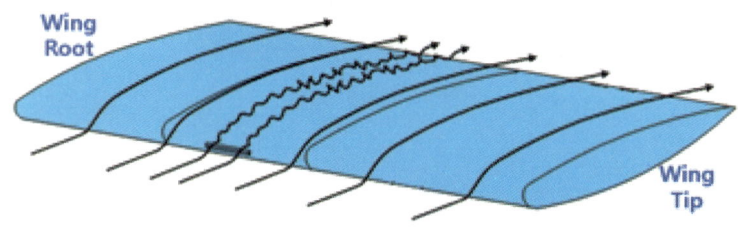

실속 경고를 위한 Stall Strip

비행기 날개 앞전, Wing Root 쪽에 설치된 작은 삼각형 모양의 금속 띠를 스톨 스트립 Stall Strip 이라고 한다.

에일러론이 장착된 날개 끝에서부터 실속이 시작되면 조종사는 정상적인 조종 상태를 유지할 수 없다. 실속 속도에 접근함에 따라 날개 끝에서 실속되기 전에, 날개 뿌리의 Stall Strip을 통과한 난류가 떨림현상을 일으켜 조종사에게 실속에 대한 조기 경고를 하게 되고, 조종사는 실속에 대한 회복조작을 함으로써 날개 전체가 동시에 실속에 진입하는 것을 막아주게 된다.

배면비행이 가능한 이유는 무엇인가요

전투기가 뒤집어진 상태로 비행하는 것을 배면비행 Inverted Flight 이라고 한다. 정상비행 상태의 경우 받음각이 증가하면 양력계수가 커지게 되고, 양력이 날개 위쪽으로 생성된다.

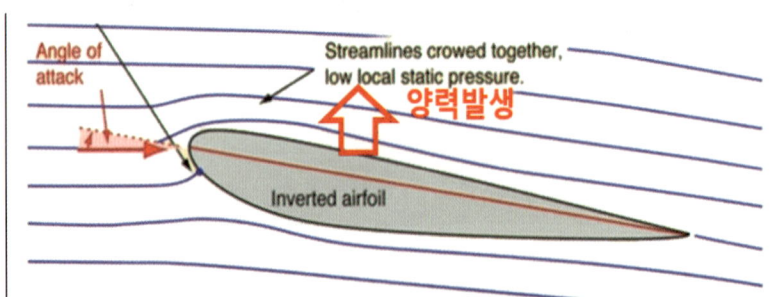

배면상태의 에어포일

배면상태에서는 그림의 빨간색 AOA를 더 크게 만듦으로써 받음각을 음수 쪽으로 증가시키면 양력계수도 음수값이 되기 때문에 양력이 날개 아랫면, 즉 배면상태에서는 하늘 쪽으로 양력이 발생되어 배면비행이 가능하게 된다. 하지만 AOA의 각도는 정상비행 상태보다 음수 쪽으로 더 많은 각도를 주어야 배면비행 상태가 유지된다.

연료 공급은 연료탱크 밑에 있는 펌프로 연료를 끌어올려 엔진으로 공급하는데, 배면비행이 되면 펌프 쪽에는 연료가 없기 때문에 연료 공급이 중단되게 된다. 배면비행 시에도 지속적으로 연료 공급이 가능하도록 많은 전투기들은 펌프 주위에 격실을 만들어 배면비행 상태에서도 연료를 계속 엔진에 공급하도록 한다. 이것을 배면격실이라고 하며, 연료소모량에 따라 다르지만 약 10~30초 정도 배면비행이 가능하다.

03. 동체 이야기

비행기 동체는 어떻게 만들어져 있나요

동체Fuselage는 비행기의 중심 부분으로 승무원, 승객, 화물 등을 수용하도록 제작되며, 날개와 미익이 연결된다. 동체 구조의 방식은 트러스Truss 구조, 모노코크Monocoque 구조, 세미모노코크Semi-Monocoque 구조 등으로 구분된다.

트러스 구조Truss Structure는 직선형의 뼈대를 3각형 또는 5각형으로 조립한 구조로써 외부하중을 지지하는 기다란 구조를 만들기에 적당하다. 비행기의 골격은 비행하는 동안 여러 방향에서 힘을 받게 되는데, 이러한 힘을 이겨낼 수 있도록 스트링거Stringer와 벌크헤드Bulkhead를 추가로 설치한다.

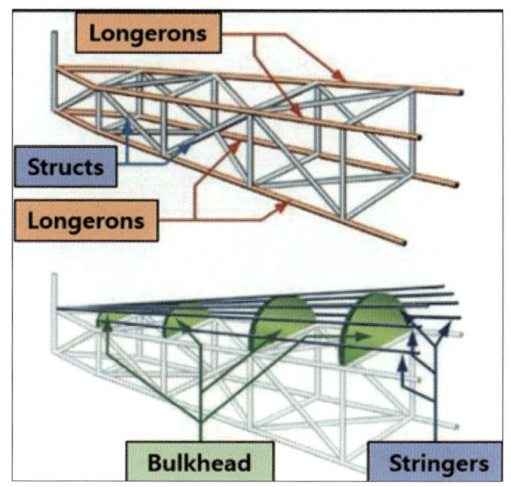

트러스 구조

모노코크Monocoque 구조는 외피Skin가 골격의 역할까지 담당하는 것으로, 무게를 줄이고 내부공간을 확보할 수 있는 장점이 있는데, 공대공 미사일과 같이 별도의 골격을 유지할 공간이 부족할 경우 모노코크 구조을 사용한다.

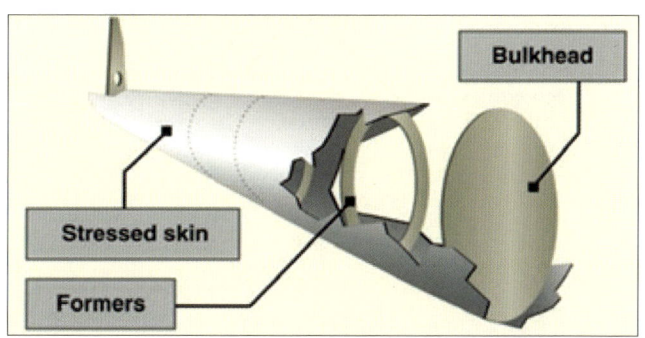

모노코크 구조

KF-21 장착 BVR Beyond Visual Range 공대공 미사일 미티어

세미모노코크 Semi-Monocoque 구조는 골격과 외피 Skin를 결합한 것으로, 외피도 응력을 지탱하도록 만든 구조이다. 이러한 구조는 벌크헤드와 다양한 크기의 스트링거, 굽힘과 응력이 강화된 외피 등으로 이루어져 있으며, 많은 비행기들은 이러한 구조를 적용하고 있다.

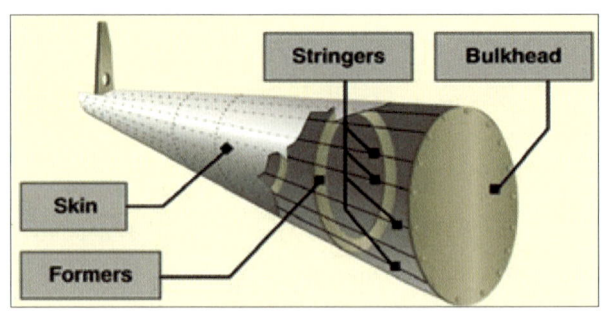

세미모노코크 구조

복합소재를 이용한 구조 Composite Construction는 탄소섬유 및 유리섬유 등을 단독으로 또는 혼합 사용하여 만든 구조이다. 이러한 복합소재들은 가볍고 질긴 특성과 아울러 유선형 또는 굴곡 형태

의 구조를 쉽게 만들 수 있는 장점이 있다. 유리섬유는 좋은 탄성과 압축력, 충격 흡수성이 양호하고, 탄소섬유는 유리섬유보다 가볍고 탄성과 압축력이 더 좋으며 유연하기 때문에 제작이 용이하지만 충격에 잘 부서지는 단점이 있다. 잘 설계된 탄소섬유 구조는 알루미늄 구조에 비해 훨씬 가벼우며, 어느 경우에는 30% 정도 더 가벼운 경우도 있다.

꼬리날개는 어떻게 구성되어 있나요

미익은 수직안정판Vertical Stabilizer과 수평안정판Horizontal Stabilizer으로 구성되며, 여기에 비행기를 조종할 수 있는 방향타Rudder와 승강타Elevator, 그리고 트림 탭Trim Tab이 부착되어 있다. 트림 탭은 방향타 / 승강타 등 조종면과 반대로 작동함으로써 조종간의 압력을 줄여주는 역할을 한다.

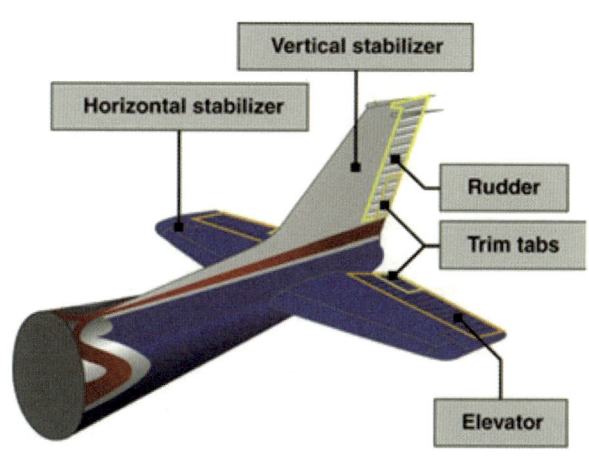

미익의 구성

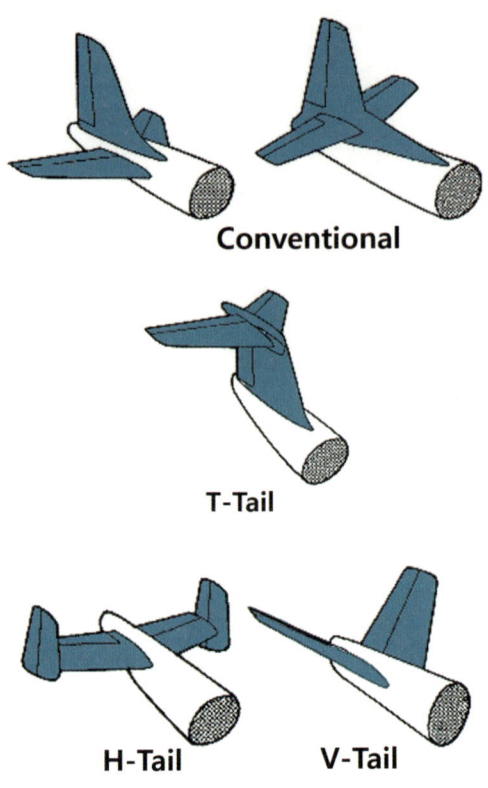

미익의 형태에 따른 구분

04. 동체에 숨어있는 과학 이야기

비행기에 지느러미가 있다는데, 무엇인가요

비행기에 웬 지느러미~~~! 의아해하겠지만, 많은 항공 관련 용어가 해양에서 유래되었듯이 도살 핀 Dorsal Fin, 등지느러미 과 벤트럴 핀 Ventral Fin, 배지느러미 은 물고기에서 유래되었다.

도살 핀은 동체 상부 수직안정판이 앞쪽으로 확장된 부분이고, 벤트럴 핀은 동체의 하부 끝부분에 확장 고정된 수직 부분으로, 이는 비행기의 방향 안정성을 증가시키는 역할을 한다.

DA-42 Dorsal Fin, Ventral Fin

전기나 유압이 생성되지 않으면 어떻게 하나요 - RAT

비행 중 전력이나 유압 등이 소실되었을 경우 보조수단으로 렛RAT, Ram Air Turbine을 작동시킨다. 렛은 평상시에는 들어가 있는데, 필요 시 기체 내에 수납된 RAT을 펼쳐 풍력으로 터빈을 작동시킴으로써 보조 발전기나 유압 펌프 등을 작동시키게 한다.

A350 Ram Air Turbine

A380 Ram Air Turbine

제4장

비행기 엔진

01. 비행기 엔진 종류 이야기

비행기에서 사용하는 엔진은 어떤 건가요

비행기에 장착하는 엔진은 크게 왕복 엔진Reciprocating Engine과 터빈 엔진Turbine Engine으로 구분할 수 있다.

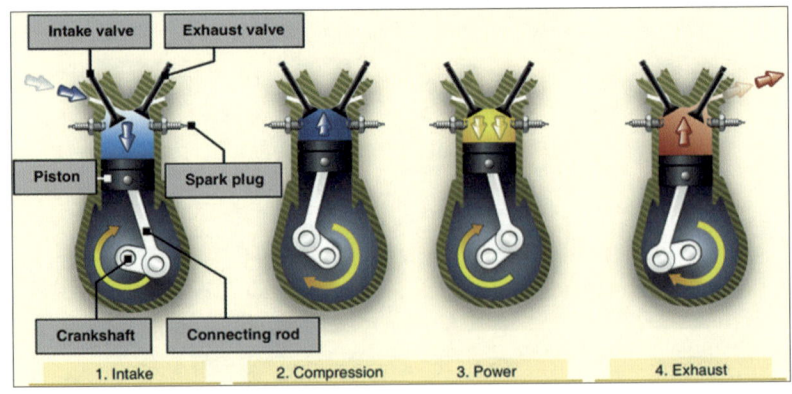

왕복 엔진, 4행정 기관Four-Stroke Cycle

왕복 엔진은 자동차에서 주로 사용하는 내연기관이며, 피스톤의 왕복운동을 회전운동으로 바꾸어 프로펠러를 구동하는 엔진으로, 실린더의 배치에 따라 방사형, 직렬형, 대향형 등으로 구분된다. 엔진의 행정Cycle에 따라서는 2행정 또는 4행정 엔진으로 구분되며, 냉각방식에 따라 공랭식 및 수냉식으로 구분된다.

터빈 엔진Turbine Engine은 압축된 공기에 연료를 분사하여 연소시킨 후 발생된 고온 고압의 연소가스로 터빈을 회전시킴으로써 축으로 연결된 압축기를 작동시키고, 잔여 연소가스를 이용하여 추진력을 발생시키는 엔진이다. 흔히 제트 엔진이라고 말하는데 터빈 엔진이라는 용어가 보다 더 정확하다. 터빈 엔진은 추력 생산방식에 따라 터보 팬, 터보 제트, 터보 프롭, 터보 샤프트 엔진으로 구분한다. 터보Turbo는 터빈과 같은 뜻으로 연결형 어휘를 사용 시 활용되는 표현이다.

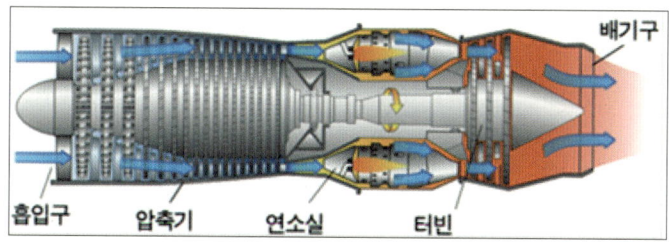

터빈 엔진 중 터보 제트 엔진

터빈Turbine이란 직선운동을 하는 유체로부터 에너지를 받아서 회전력으로 전환하는 기계장치로, 프로펠러와는 개념적으로 정반대인데, 프로펠러는 회전하는 회전력으로부터 앞으로 전진하는 직선의 추진력을 생성하는 것이기 때문이다. 풍력발전기의 경우 직선의 바람을 회전력으로 바꾸기 때문에 프로펠러라 하지 않고 터빈이라고 한다.

풍력발전기의 풍력 터빈

터빈 엔진의 연소가스 중 추력 생성 비율을 King Air 350 비행기를 예를 들어 살펴보면, King Air 350은 터보 프롭 비행기이며, 영화 보디가드의 끝부분에 휘트니 휴스턴과 보디가드인 케빈 코스트너가 이별할 때 휘트니 휴스턴이 타고 떠나는 비행기이다. King Air 350 엔진의 경우 생성되는 고온 고압의 연소가스 중 60%는 엔진의 압축기를 회전시킴으로써 엔진이 정상적으로 구동되도록 하는 데 사용되며, 잔여 40%만이 추력을 얻기 위한 프로펠러 구동에 사용된다. 또한 압축기를 통해 압축된 공기는 모두 추력을 얻기 위한 연소에 사용되는 것이 아니고, 이중 25%만이 연소를 위해 연료와 혼합되고 나머지 75%는 연소실의 화염이 연소실 밖으로 나가지 못하도록 화염을 중심으로 모음으로써 엔진 내부를 냉각시키는 데 사용된다. 이를 통해 순수하게 추력을 얻기 위해 사용되는 에너지는 의외로 적다는 것을 알 수 있다.

King Air 350, 터보 프롭 비행기

02. 왕복 엔진 이야기

비행기에 사용하는 왕복 엔진의 모양과 기능은 어떤가요

왕복 엔진은 공기밀도가 큰 저고도 저속에서 엔진과 프로펠러 효율이 좋고 운용비용이 적게 들어 일반항공General Aviation, GA에서 많이 사용된다.

왕복 엔진의 실린더 위치에 따른 구분은, 방사형으로 배치된 방사형Radial 엔진, 일반적 자동차와 같이 직렬로 배치한 직렬형In-Line 엔진, V 형태로 배치한 V-Type 엔진, 실린더를 서로 마주 보게 배치한 대향형Opposed 엔진 등이 있다.

좌측 : 방사형 엔진, 우측 : 직렬형 엔진

 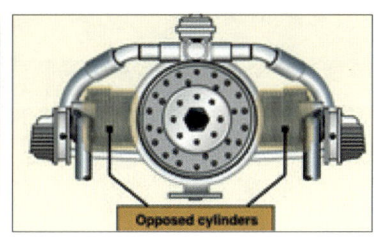

좌측 : V-Type 엔진, 우측 : 대향형 엔진

왕복 엔진은 고도가 상승함에 따라 공기밀도가 적어지므로 출력이 떨어지게 된다. 이를 보완하기 위해 실린더로 유입되는 공기의 양을 증가시키기 위해 사용하는 방법이 터보챠져Turbocharger와 슈퍼챠져Supercharger이다.

터보챠져는 배기가스의 분출력으로 압축기 터빈을 구동하여 실린더로 유입되는 공기량을 증가시키는 방식이다.

슈퍼챠져는 공기흡입 압축펌프를 엔진 축에 연결함으로써 엔진 회전 시 슈퍼챠져도 구동하게 되므로 터보챠져에 비해 더 효율적이다. 슈퍼챠져는 비교적 낮은 엔진 출력 범위에 효율적이고, 터보챠져는 비교적 높은 엔진 출력 범위에서 유용하다.

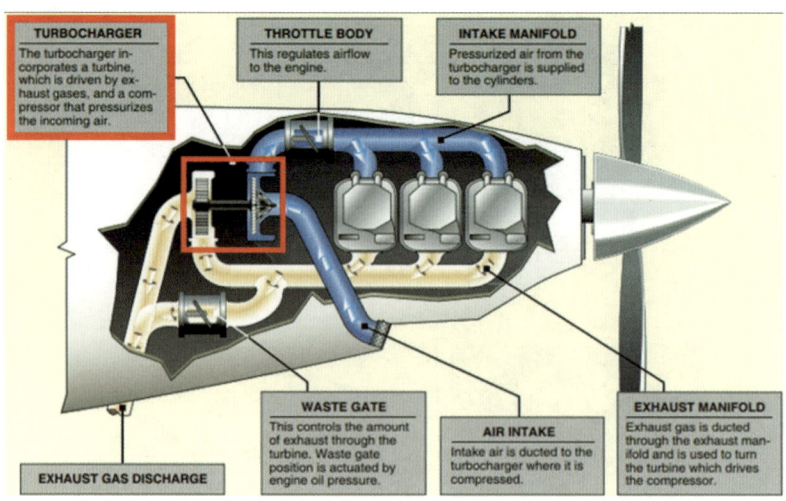

터보차져 Turbo-Charger

　왕복 엔진의 냉각방식으로 통상 공랭식을 채택하는데 이는 무게를 줄이기 위함이 제일 큰 이유이다. 하지만 냉각성능이 떨어짐으로써 엔진에 과열이 발생되고, 이로 인해 노킹Knoking이라고 하는 이상폭발Detonation 현상이 발생되어 출력감소는 물론 피스톤이나 실린더 등의 고장을 유발할 수 있다.

　이러한 이상폭발 현상을 방지하기 위해 고출력 왕복 엔진을 장착한 전투기의 경우 공랭식이 아닌, 수냉식 냉각방식을 적용한다. 수냉식은 자동차와 같이 냉각수를 활용하는 것으로 냉각효율이 상당히 높다.

　한국전쟁 시 출격했던 P-51 무스탕 전투기의 경우, 동체 하부에 불룩하게 솟아난 관Duct이 있는데, 냉각수를 식히기 위한 라디에터가 이 덕트 안에 있다. 외부 공기가 덕트를 통해 유입되어 라디에터를 통과함으로써 뜨거워진 냉각수를 식혀주는 방식이다.

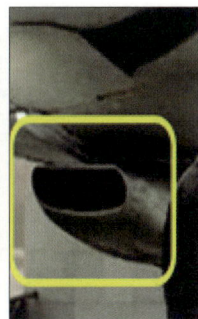

한국전쟁 시 출격했던 P-51 무스탕Mustang 전투기

03. 터빈 엔진 이야기

터빈 엔진은 언제부터 사용하였나요

터빈 엔진은 고고도 고속에서 효율이 좋고 엔진 출력이 강하여 대량수송이 가능한 운송용 항공기 및 전투기 등에 사용하고 있다.

터빈 엔진의 사용은 영국의 프랭크 휘틀Frank Whittle과 독일의 한스 폰 오하인Hans von Ohain이 1930년대 말에 터보 제트 엔진을 각각 개발하면서 시작되었다. 영국의 휘틀은 1937년에 최초로 터보 제트 엔진을 제작하여 엔진 작동에 성공하였으며, 독일의 오하인은 비록 엔진 개발은 한발 늦었지만 1939년 최초의 터보 제트 엔진을 장착한 비행기 하인켈 178을 탄생시켰다. 영국은 1941년 휘틀이 개발한 엔진을 장착한 글로스터 E-28/39를 개발하여 영국 최초의 터빈 엔진 비행에 성공하였다.

독일 하인켈 178

영국 글로스터 E-28/39

　독일과 영국에서 개발한 터빈 엔진은 터보 제트 엔진으로 추력을 얻는 방식은 같았으나, 공기를 압축하여 연소실로 보내는 압축기의 방식은 서로 달랐으며, 이로 인해 터빈 엔진의 역사가 바뀌게 된다. 영국의 휘틀은 원심형 압축기Centrifugal Flow Compressor를 적용하였으며, 독일의 오하인은 현재 대부분 엔진에서 적용하는 방식인 축류형 압축기Axial Flow Compressor를 사용하였다.

　원심형 압축기는 회전하면서 공기를 빨아들인 후 압축기 외측으로 공기를 보내면서 원심력을 이용하여 공기를 가속시킴으로써 압축하는 방식이다. 원심형 압축기는 구조가 비교적 단순하고 단단한 재질을 사용할 수 있는 반면 무게가 증가되고 압축기 효율이 떨어지는 단점이 있다.

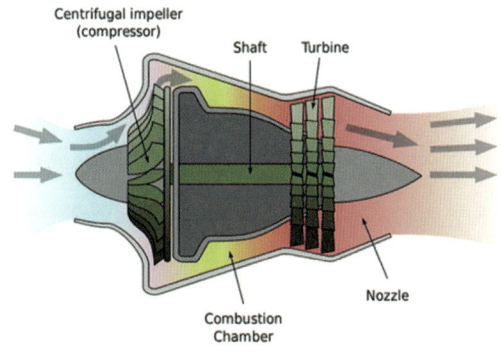
원심형 압축기Centrifugal Flow Compressor

축류형 압축기는 회전하면서 공기를 흡입한 다음 축을 따라 여러 단계의 압축기를 통과하면서 압축하는 방식으로 구조가 복잡하지만 압축기 효율이 향상되는 장점이 있어 현대의 많은 터빈 엔진에서 적용하는 압축기이다.

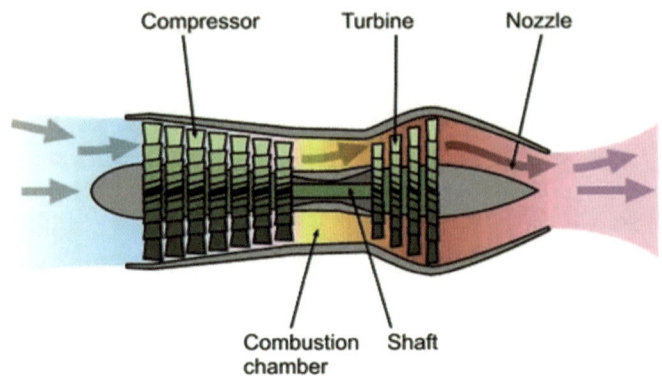

축류형 압축기 Axial Flow Compressor

터빈 엔진 내부의 부품들은 고온, 고압 및 응력과 변형에 견디어야 하는데, 개발 초기에는 이를 해결할 만한 재료역학이 충분히 발달되지 않았다. 그럼에도 불구하고 영국의 원심형 엔진은 추력과 효율이 다소 떨어지지만 단순한 구조와 단단한 재질을 사용했기 때문에 안전하게 비행을 할 수 있었다. 반면 독일의 축류형 엔진은 양호한 추력을 생산하는 대신 엔진 내부 부품들의 결함으로 인해 화재가 발생하는 등 많은 문제들이 나타나게 되었고, 일정 횟수 사용 후에는 엔진 또는 부품을 교체해야 하는 등 경제성도 결여되어 바로 실용화되지는 못했다.

터빈 엔진의 분류 기준과 엔진별 특성은 어떠한가요

터빈 엔진의 장점은 엔진의 무게에 비해 추력이 크다는 것과 왕복운동 부분이 없어 진동이 적고 추운 날씨에도 시동이 용이하며 초음속 비행이 가능하다는 것이고, 단점은 연료소모량이 많고 소리가 크다는 것이다.

이러한 터빈 엔진은 추력을 얻는 방식에 따라 터보 제트Turbo Jet, 터보 팬Turbo Fan, 터보 프롭Turbo Prop, 터보 샤프트Turbo Shaft 엔진으로 구분한다. 앞에서 언급했듯이 터빈Turbine은 유체의 직선운동을 회전운동으로 전환하는 기계장치를 의미한다.

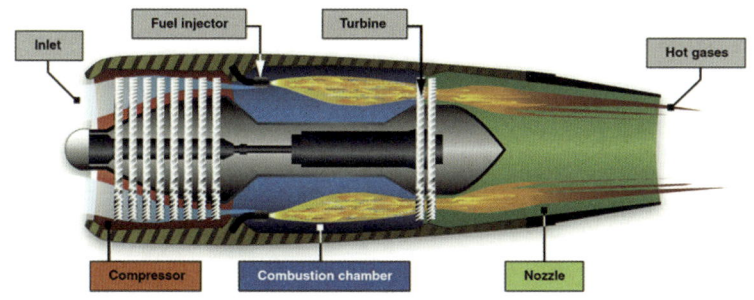

터보 제트Turbo Jet 엔진

터보 제트Turbo Jet 엔진은 소형 및 경량으로 큰 추력을 낼 수 있으며, 고속에서 추진 효율이 좋아 전투기에서 많이 사용하고 있다. 추력은 연소실에서 연소된 고온 고압의 연소가스가 1차적으로는 압축기를 구동하는 압축기 터빈을 작동시키고 남은 잔여추력을 활용하는 것이다. 뉴턴의 제3법칙인 작용 반작용의 법칙에 따라 연소가스의 분출Jet되는 속도의 힘으로 전진하게 된다.

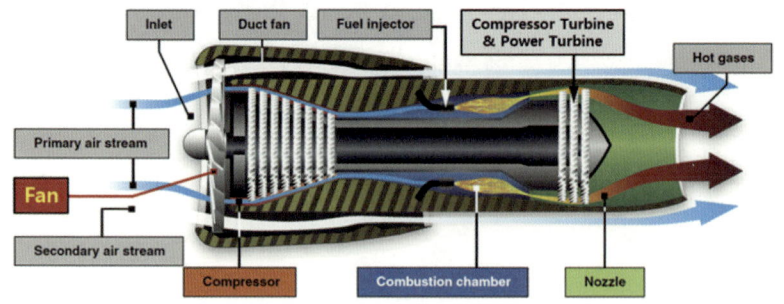

터보 팬 Turbo Fan 엔진

    터보 팬Turbo Fan 엔진은 팬을 통해 대량의 공기를 비교적 저속도로 분출하여 추력을 얻는 것으로, 저속에서의 엔진 효율을 높게 해줌으로써 터보 제트 엔진의 취약한 저속성능을 향상시켰으며 여객기에서 많이 사용하고 있다.

    터보 팬 엔진은 터보 제트 엔진 앞에 커다란 팬Fan을 장착한 것으로, 연소실에서 생산된 고온 고압의 연소가스는 1차적으로 엔진 압축기 작동을 위한 Compressor Turbine을 먼저 구동시키고, 잔여 연소가스는 팬Fan을 작동하기 위한 Power TurbineFree Turbine을 구동하는 데 사용된다. 두 개의 터빈은 기계적으로 연결되어 있지 않으며 분출되는 연소가스에 의해 각각 독립적으로 작동한다.

    팬을 통한 공기흐름 중, 중심에서 가까운 쪽의 공기흐름인 Primary Air Stream은 압축기를 통해 연소실로 유입되고, Fan 중심 외측을 통과하는 Bypass Flow= Secondary Air Stream는 연소실 외부를 통해 뒤쪽으로 분출되면서 주 추력을 생산하게 된다. Boeing 787 엔진 전면 사진에서 보듯이 Fan을 통해 주 추력을 생성하는

Bypass Flow 영역이 훨씬 큰 것을 알 수 있다.

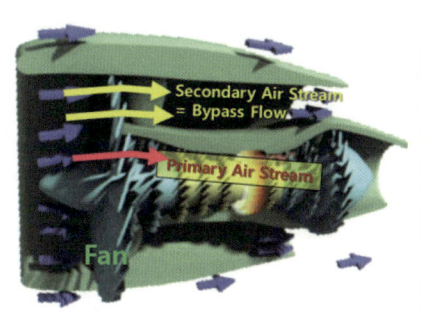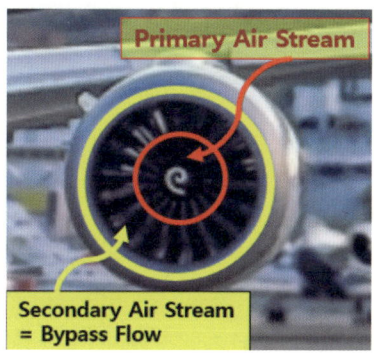

Primary / Secondary Air Stream과 B-787 엔진 전면

터보 팬 엔진은 팬을 통해서 주 추력을 얻기 때문에 연소가스의 속도와 압력은 가능한 Fan 작동을 위한 Power Turbine 구동을 위해 최대한 활용하고 있다. Fan에 의해 생성되는 Bypass Flow는 터보 제트 엔진에 비해 분출 속도는 적지만 더 많은 질량유량을 분출함으로써 추력을 생산하는 방식으로, 촘촘하게 설치한 여러 개의 팬 블레이드가 그러한 역할을 수행한다.

Bypass Flow와 Primary Air Stream의 공기 비율을 Bypass Ratio라고 하는데, 예를 들어 10 : 1이라면 Fan을 통과한 Bypass Flow가 10이고, Fan을 통과해 엔진 압축기로 유입되는 Primary Air Stream은 1이라는 의미이다. 이 비율은 단지 Fan을 통과한 공기의 비율이며, 추력의 비율은 아니다. 엔진의 성능에 따라 차이는 있지만, 일반적으로 터보 팬 엔진 전체 추력의 약 70%는 Bypass Flow에서, 나머지 약 30%는 엔진에서 연소되어 배출되는 연소가스의 분출Jet 속도에 의해 생성된다.

엔진의 종류	주요 탑재 항공기	Bypass Ratio
General Electric F404	T-50, F/A-18, F-117	0.34 : 1
Pratt & Whitney F100	F-15, F-16	0.36 : 1
PW4000-94	Boeing 767, 747-400	4.85 : 1
Trent 700	A330	5.0 : 1
Rolls-Royce Trent 900	A380	8.7 : 1
General Electric GE90	Boeing 777	8.4~9 : 1
Rolls-Royce Trent XWB	A350	9.3 : 1
Rolls-Royce Trent	Boeing 787	10 : 1
Pratt & Whitney PW1000G	A320neo	12 : 1

주요 엔진의 바이패스 비

전투기의 경우 터보 팬 엔진을 장착 시에는 바이패스 비가 상대적으로 낮은 엔진, 즉 Fan의 크기가 여객기같이 크지 않고 작은 팬을 장착하는데, 여객기와 같이 바이패스 비가 높을 경우에는 Fan의 크기가 상대적으로 커져 엔진의 단면적이 커지게 되고, 이는 전투기의 항력을 증가시키는 단점이 있기 때문이다.

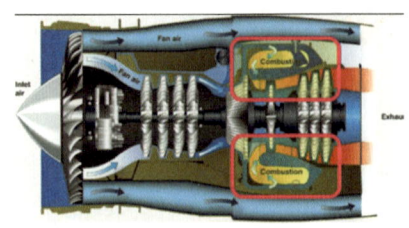

리버스 플로 연소실

연소실의 구조에서 터보 제트 엔진은 추력을 얻기 위해 연소가스의 분출 속도가 중요하기 때문에 직진흐름의 연소실을 적용하지만, 여객기에서 사용하는 터보 팬 엔진의 경우는 Fan 구동을 위한 Energy를 얻기 위해 Power Turbine에 가해지는 연소가스의 압력이 더 중요하다. 그래서 연소실을 굳이 직진흐름형으로 만들 필요가 없다. 연소실 길이를 줄여 엔진의 총 길이를 줄이고 무게를 감소시키기 위해 리버스 플로Reverse Flow 연소실을 적용하기도 한다. 리서브 플로는 연소가스를 180° 회전하여 터빈으로 보냄으로써 Compressor Turbine과 Power Turbine을 구동시킨다.

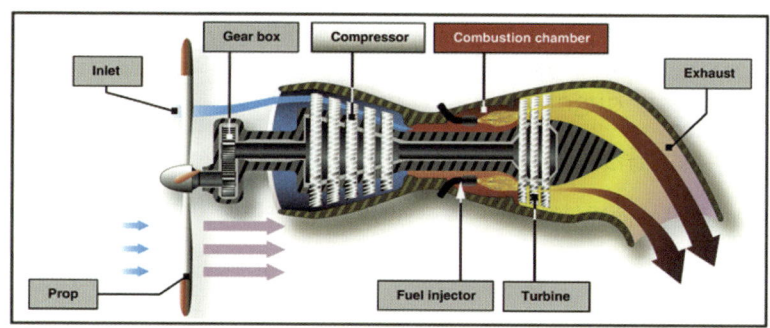

터보 프롭Turbo Prop 엔진

터보 프롭Turbo Prop 엔진은 터보 팬 엔진에서 팬 대신 프로펠러를 장착하여 추력을 얻는 엔진으로, 추력의 90% 이상이 프로펠러에서 생성된다. 엔진의 회전수를 감소시키기 위하여 감속장치Reduction Gear를 장착하여 감소시킨 후 프로펠러를 회전시킨다. King Air 350 터보 프롭 엔진의 출력이 100% rpm revolutions per minute, 분당 회전 일 경우 엔진의 회전수는 37,500rpm인데, 이를 프로펠러가 회전하여 효율적인 출력을 내기 위한 1,500~1,700rpm으로 감속시키기 위해서는 감속장치가 필요하다.

터보 프롭 엔진의 장점은 낮은 고도와 저속에서 높은 추진 효율을 가지며, 추력당 연료 소모율이 낮아 경제적이고, 프로펠러의 피치를 변경함으로써 착륙 후 감속을 위한 역추진도 가능하다.

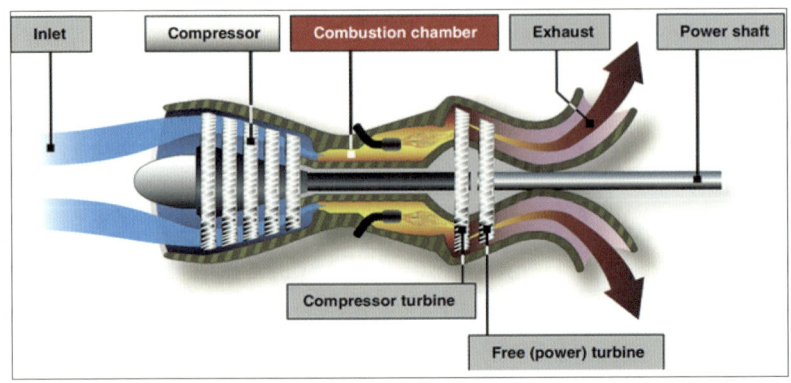

터보 샤프트Turbo Shaft 엔진

터보 샤프트Turbo Shaft 엔진은 연소가스로 Power Turbine을 구동시키고, Power Turbine과 연결된 Power Shaft는 회전날개인 Rotor를 회전시킴으로써 추력을 얻는 방식으로 헬리콥터에 사용된다. 헬리콥터의 Rotor는 회전하면서 양력과 추력을 동시에 발생시킨다.

터빈 엔진의 회전수rpm는 고속이므로 자동차의 엔진 회전수 계기 또는 속도계 방식으로는 측정할 수가 없다. 그래서 엔진 축과 연결된 Tachometer Generator를 장착하여 엔진 회전에 따른 전기를 생산하게 하고 이를 측정함으로써 엔진 회전수를 백분율%로 지시하게 한다. 팬의 회전수 또한 팬 축과 연결된 Tachometer Generator를 통해 동일한 방식으로 측정한다.

터보 팬 엔진 계기 - N1 : Fan 회전수%, N2 : 엔진 회전수%

King Air 350 P&W PT6A-60A 엔진의 100% rpm 회전수는 37,500rpm인 반면, Boeing 747-400에 장착한 P&W 4,000 엔진은 이륙 시 엔진 회전수N2는 9,800rpm이다. P&W 4,000 엔진의 회전수가 적은 이유는, 엔진 크기가 커짐에 따라 회전수를 줄이지 않으면 압축기 블레이드 끝부분의 음속돌파로 인한 충격파로 인해 압축기 실속이 발생되기 때문이다. 참고로 이륙 시 P&W 4000 엔진의 팬 회전수N1는 3,506rpm이다.

구 분	비행 상황에 따른 추력과 회전수		
	지상-Idle	이륙 시	순항 시
추력 lbs	2,100	56,000	9,000
팬 N1 rpm	707	3,506	3,100
엔진 N2 rpm	6,000	9,800	8,700

Boeing 747-400에 장착한 P&W 4000 엔진 성능

04. 엔진에 숨어있는 과학 이야기

엔진 중앙 나선형 모양은 무엇 - 지상조업자 주의하세요

터보 팬 엔진 중앙 스피너 콘의 나선형 모양

엔진 중앙의 원뿔 모양 회전체를 스피너 콘Spinner Cone이라고 하며, 나선형 모양을 포함하여 여러 문양이 새겨져 있다. 엔진이 작동하면 스피너 콘과 함께 나선형 문양도 회전하게 되는데, 공항의 지상조업자Ground Staff에게 Fan이 회전하고 있다는 것을 시각적으로 알려주게 된다. 이런 시각적 표시는 비행기 근처에서 일하는 사람들에게 안전거리를 유지하라는 메시지를 전달하는 것이다.

엔진이 작동할 때 소리만으로도 충분히 알 수 있을 것 같지만, 지상조업자 주위에는 다른 비행기들도 있으므로 소리만으로 구분하기 어렵고, 또한 청력보호를 위해 귀마개를 사용하기도 하므로 시각적 경고도 필요한 것이다. 이러한 스피너 콘의 문양은 새를 쫓는 역할을 한다는 이야기도 있지만, 이는 증명되지 않은 잘못된 정보이다.

영화 멤피스 벨에 등장한 B-17 폭격기, 프로펠러 끝 노란색이 보임

프로펠러 비행기는 프로펠러에 무늬가 새겨져 있어 빠른 속도로 회전 시 원형의 모양으로 확인할 수 있다.

프로펠러 끝부분 무늬 예시

엔진 입구는 왜 항아리처럼 약간 좁고 돌출되었나요

터보 팬 엔진의 공기 흡입구 덕트와 주 추력을 생산하는 팬

터보 팬 엔진 입구는 공기흐름을 유도하기 위해 앞으로 나와 있으며 안으로 들어갈수록 넓어지는 구조로 되어 있다. 이렇게 넓어지는 구조로 인해 유입된 공기는 속도가 감소되면서 압력은 증가하고 온도는 상승하게 된다.

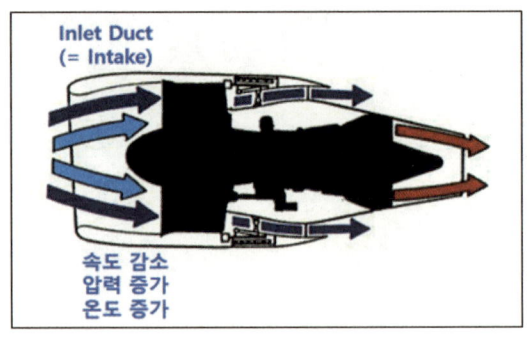

Inlet Duct가 넓어지면서 속도 감소, 공기 압력 및 온도 증가

온도가 높아지면 음속은 증가하게 되고, 음속이 증가됨으로써 마하수M.N는 낮아지게 된다. 확장된 공기 흡입구로 인해 온도가 상승하여 마하수가 낮아짐에 따라 팬에서의 충격파 발생이 지연되므로 충격파에 의한 팬의 실속을 방지할 수 있다.

팬은 빠르게 회전하는데 음속돌파 안 하나요

팬의 회전속도가 3,500rpm일 경우 반지름 1m로 계산하면 초당 속도가 366m로 팬 블레이드 끝부분이 음속을 돌파하게 되는데, 이러면 팬이 충격파로 인한 실속Shock Stall으로 추력을 낼 수가 없다는 생각을 하게 된다. 팬 블레이드 또한 에어포일을 가진 날개형상을 하고 있기 때문에 실속은 동일하게 발생된다. 하지만 터보 프롭 엔진의 프로펠러와는 다르게 터보 팬 엔진의 팬 블레이드는 촘촘하게 여러 개 장착되어 있는데, 블레이드 끝이 음속을 초과하더라도 많은 수의 팬 블레이드가 음속 이상에서 발생되는 약한 충격파의 특성을 완화시켜 추력을 지속적으로 생성하게 한다.

좌 : 터보 팬 엔진의 팬, 우 : Twist 형태의 팬 블레이드

Buzzsaw Effect둥근톱 효과는 팬의 회전속도가 고속일 경우 팬의 끝부분이 음속을 초과할 때 발생되는 "앵~~~" 소리이며, 최대출력을 사용하는 이륙 및 초기 상승 시에만 나타난다. 이 용어는 둥근 톱에 의해 갈리는grinding 듯한 소리와 비슷하다고 하여 붙여졌다.

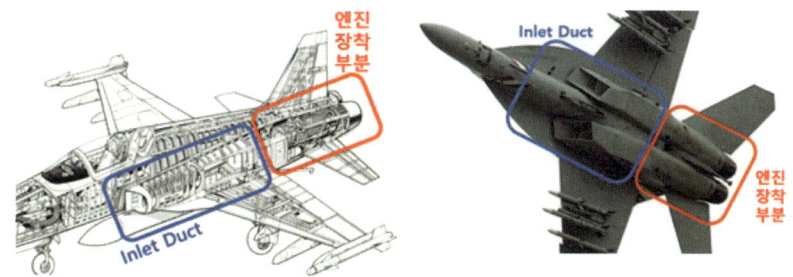

좌 : F-5E, 우 : FA-18E

전투기들은 전투상황에 따라 초음속 비행을 해야만 하기 때문에 엔진 앞부분에 민항기와는 다르게 기다란 덕트Inlet Duct를 설치해서 공기를 유입하고, 엔진은 후미에 장착하였다. 이러한 이유는 충

격파를 지난 공기의 속도는 감소되고 압력은 회복되기 때문인데, 초음속 비행 시 덕트에서 충격파가 형성되도록 함으로써 엔진에 도달하는 공기의 속도는 음속 이하로 감소되고 압력은 회복되어 엔진 압축기의 실속을 방지할 수 있기 때문이다.

참고로 터빈 엔진을 사용하는 비행기의 엔진 후미를 Tail Pipe, 앞쪽 공기 흡입구를 Inlet Duct라고 한다. 파이프와 덕트는 속이 비어있는 관管을 의미하는데, 파이프는 원형의 도관을, 덕트는 원형이 아닌 도관을 의미하기 때문에 사용하는 용어에도 차이가 있다. 예로 냉난방 시스템의 덕트를 청소한다고 하는데, 원형이 아닌 도관이기 때문에 덕트라고 한다.

여객기들은 왜 터보 팬 엔진을 사용하나요

터보 팬 엔진의 주 추력은 팬을 통해 생성되는데, 팬을 통해 분출되는 공기의 속도는 터보 제트 엔진의 분출Jet 속도보다 적다. 하지만 여러 개의 팬을 통해 더 많은 질량유량이 생성되므로, 분출되는 속도는 적더라도 추력은 증가시킬 수 있다.

운동량 측면에서, 예를 들어 1kg의 공을 100의 속도로 던지면 운동량은 100이 되며, 2배 무거운 2kg의 공을 50의 속도로 던져도 운동량은 동일하게 100이 된다. 터보 제트 엔진은 적은 질량을 높은 속도로 분출함으로써 추력을 얻지만, 터보 팬 엔진은 많은 수의 팬 블레이드가 회전하면서 더 많은 질량유량을 분출하기 때문에 적은 분출 속도로도 추력을 증가시킬 수 있는 것이다.

운동에너지 측면에서, 2배 무거운 공을 1/2의 속도로 던질 경우, 소요되는 운동에너지는 절반이 된다. 만약 많은 수의 팬 블레이드를 통해 공기의 질량유량을 2배로 증가시키는 대신 분출 속도를 1/2로 줄인다면 추력은 동일하고, 운동에너지는 1/2로 줄어든다. 즉, 동일한 추력을 생산하기 위해 1/2만 운동하면 되므로 연료 소모가 적다는 것이다.

터보 팬 엔진은 터보 제트에 비해 적은 연료 소모로 동일한 추력을 생성할 수 있으므로 여객기에 많이 사용하고 있다.

프로펠러 비행기는 왜 음속돌파가 안 되나요

프로펠러도 에어포일로 형성되어 있으며, 날개와 같이 Root 쪽은 받음각이 크고 Tip으로 갈수록 받음각이 감소되도록 Twist 했다. 이렇게 함으로써 프로펠러 끝에서의 실속을 방지할 수 있다.

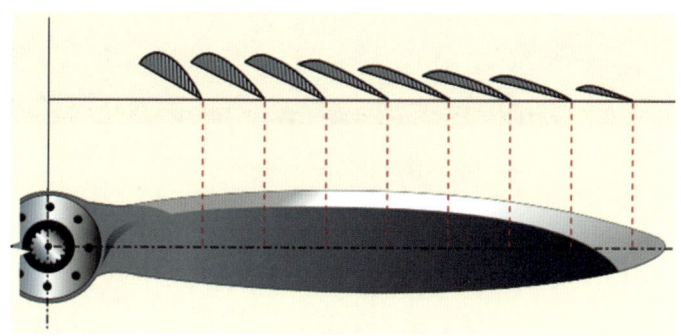

프로펠러의 에어포일 및 받음각

비행기 날개와는 다르게 프로펠러에는 전진 방향 속도에 추가하여 프로펠러 회전속도가 더해지는데, 예를 들어 프로펠러 비행기가 마하 0.8의 속도로 비행한다면 프로펠러의 속도는 음속 이상이 되어 프로펠러에 충격파가 발생됨으로써 충격파 실속으로 추력을 생성할 수 없게 된다. 즉 비행기를 음속 이상으로 추진시키기 위한 충분한 추력이 프로펠러에서 발생되지 않기 때문에 음속을 돌파할 수 없다.

전투기 이륙할 때 왜 불이 나오나요 - 애프터버너

애프터버너을 사용하여 이륙하는 F-35

애프터버너Afterburner는 전투기 터빈 엔진의 뒤쪽에 설치된 추가적 출력 증가장치로, 초음속 여객기 콩코드 엔진에도 장착되어 있다. 애프터버너는 연소실과 터빈을 통과한 연소가스에 연료를 추가로 분사하고 점화기를 통해 점화시킴으로써 추력을 더 증가시킬 수 있는 장치이다. 우주선 발사 시 로켓에 연료를 분사하고 불을 붙이는 것과 같은 원리이다.

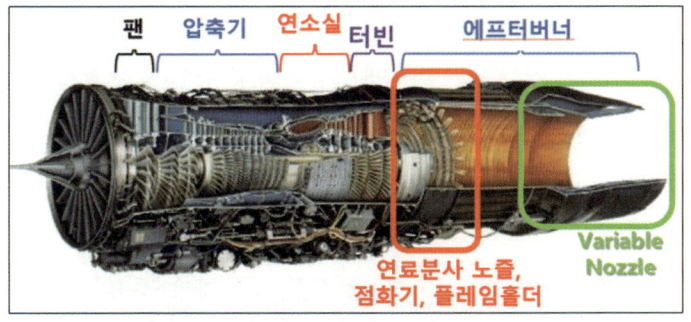

F-22 랩터에 장착한 Pratt & Whitney의 F119 엔진

애프터버너는 순간적으로 큰 추력이 필요한 이륙 및 전투기동 시, 그리고 신속한 증속이 필요한 상황에서 잠깐씩 사용한다. 기종에 따라 다르지만 최대 추력이 1.5배 수준으로 증가되기 때문에 특히 에너지가 중요한 전투기동에서는 매우 효과적인 장치이다. 하지만 연료소모는 2~5배 수준으로 크게 증가하게 되므로 필요한 상황에서만 사용한다.

애프터버너 안쪽, 원형 모양의 플레임홀더

애프터버너의 구성으로 터빈 바로 뒤에는 플레임홀더와 연료분사 노즐, 점화플러그가 있다. 에프터버너를 뒤에서 보았을 때 여러 개의 원형모양 홀더가 있는데, 이것은 분사된 연료와 배기가스가 잘 혼합되도록 와류를 형성하는 장치로 플레임홀더라고 한다.

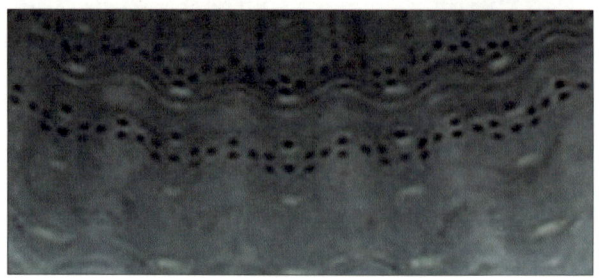

Secondary Air가 유입되는 구멍들

애프터버너의 긴 파이프처럼 생긴 구조물에는 표면에 작은 구멍들이 많이 뚫려 있는데, 연소된 화염이 애프터버너 외벽 파이프에 직접적으로 닿지 않도록 팬Fan의 Bypass Flow 또는 압축기의 일부 공기를 이 구멍을 통해 안쪽으로 불어넣어 줌으로써 화염을 중앙으로 모이게 한다.

좌 : 애프터버너 사용 전 노즐, 우 : 애프터버너 사용 시 노즐

애프터버너 끝에는 엔진 출력에 따라 배기구의 직경이 줄어들거나 늘어나는 가변노즐Variable Nozzle이 있는데, 애프터버너를 사용하지 않는 단계에서 출력을 증가시키면 직경이 감소하다가 애프터버너를 켜면 직경이 늘어난다. 이는 애프터버너를 작동시키면 배기구에서 나오는 연소가스의 흐름이 초음속이 되어버리기 때문이다. 아음속 흐름일 때는 노즐 직경이 줄어들수록 노즐을 벗어나는 연소가스 흐름의 속도가 빨라지지만, 초음속 흐름일 때는 반대로 노즐 직경이 넓어져야 속도가 더 빨라진다.

엔진 뒷부분이 왜 톱니 모양으로 생겼나요 - 소음 감소

톱니 모양의 쉐브론 노즐을 장착한 Boeing 787

터보 제트 엔진 소음공해의 주요 원인은 엔진에서 고속으로 분사되는 연소가스가 외부의 공기와 접촉을 할 때 두 공기 사이의 속도 차이로 인해서 발생된다.

터보 팬 엔진의 경우 팬에서 생성된 바이패스 플로우가 연소가스를 감싸주기 때문에 소음이 줄어든다. 하지만 외부 공기와 바이패스 플로우와의 속도 차이, 바이패스 플로우와 연소가스 간의 속도 차이는 존재하므로 터보 제트 엔진보다는 소음은 감소되지만, 소음은 여전하다.

소음을 감소시키기 위해서는 소음의 원인인 주변의 대기와 바이패스 플로우, 연소가스 간의 속도 차이를 신속히 상쇄시켜야 하는데, 하지만 이러한 속도의 차이 때문에 비행기가 추력을 얻는 것이기에 소음감소는 쉽지 않다.

터보 팬 엔진의 소음감소 방법으로 엔진 나셀 끝부분인 노즐을 톱니형식으로 만든 쉐브론 노즐Chevron Nozzles 방법과 연소실을 거쳐 나오는 연소가스 노즐을 주름지게 만든 주름형 노즐Corrugated Nozzle 방법이 있다. 주름형 노즐은 배기믹서Exhaust Mixer라고도 부른다.

쉐브론 노즐은 노즐을 톱니 모양으로 만듦으로써 외부 공기와 바이패스 플로우, 연소가스 간의 흐름을 신속히 혼합시켜 속도 차이를 감소시킴으로써 소음을 줄이는 방식이다.

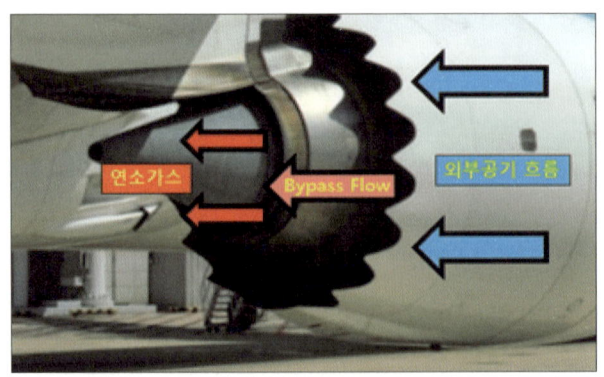

쉐브론 노즐, 외부 공기와 팬의 바이패스 플로우 및 연소가스

나셀 외측의 외부 공기는 팬에서 나오는 바이패스 플로우와 섞이는데, 쉐브론 형태를 만들어주면 안으로 들어간 부분이 튀어나온 부분보다 먼저 혼합되어 또 다른 흐름이 형성되고, 이로써 두 흐름 간의 혼합을 가속시켜 속도차이 감소가 신속히 이루어지게 한다. 또한 바이패스 플로우는 터빈을 통해 배출되는 뜨거운 연소가스와도 섞이게 되는데, 배기가스 노즐이 쉐브론 형태로 되어 있다면, 마찬가지 방식으로 두 흐름의 혼합을 신속하게 함으로써 소음공해를 줄이게 된다.

새로이 개발되는 엔진에는 쉐브론이 없는 경우가 있는데, 쉐브론 제작비용과 엔진 효율성 문제를 고려하고, 새로운 나셀 기술을 적용하여 소음을 감소시킬 수 있기 때문이다.

주름형 노즐은 연소가스와 바이패스 플로우의 흐름을 신속히 혼합하도록 유도하여 소음을 줄이는 방식이며, 약간의 추력 손실은 있다.

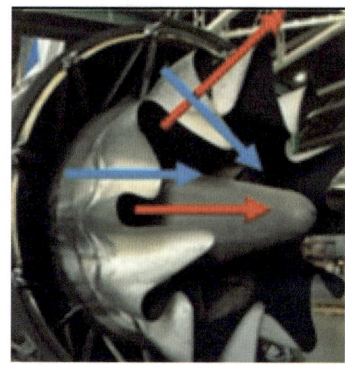 

주름형 노즐의 공기흐름   주름형 노즐 장착 비행기

이전 페이지 주름형 노즐의 공기흐름 그림에서 빨간색 화살표의 배기가스는 주름형 노즐을 통해 안으로 모이기도 하고 밖으로 퍼지기도 한다. 아울러 파란색 화살표 바이패스 플로우 또한 안으로도 모이고 외측의 흐름도 유지한다. 이 과정에서 속도가 다른 두 개의 공기는 신속히 혼합됨으로써 소음을 감소시키게 된다.

엔진 소음을 감소하기 위한 장치는 어떠한 것이 있나요

자동차 소음기의 기본원리는 소음기 내부에 여러 개의 방을 만들어 배기가스가 이 방들을 지나갈 때마다 음파의 간섭, 압력 변화의 감소, 배기 온도 등을 점차로 낮추어 소리를 줄인다.

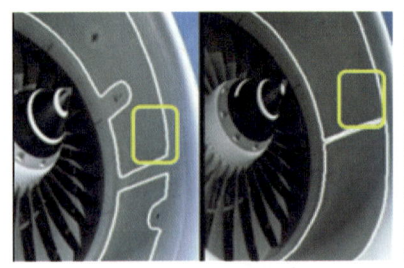
터보 팬 엔진 Intake

노란색 부분 확대 모습

터보 팬 엔진의 Intake를 자세히 살펴보면 표면에 작은 구멍들이 있는데, 엔진 방음 라이너Aero-engine acoustic liner라고 하며, 소음기 역할을 한다.

엔진 방음 라이너로 활용하기 위해서는 광범위한 엔진 작동 조건과 주파수에서 톤 및 광대역 소음 모두 감소되어야 하고, 좁은 공간을 활용해야 하므로 라이너의 깊이 및 면적이 제한된 공간에 맞아야 한다. 또한 가벼워야 하며 견고하고 운영 측면에서도 효율적이어야 한다.

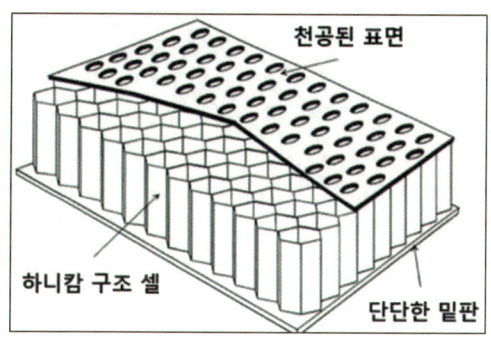

단층 천공 소음감소 장치 Single Layer Perforate

단층 천공방식의 소음감소 장치는 내부 셀Cell의 구조가 하니캄Honeycomb으로 되어 있으며, 천공작은 구멍을 통해 들어온 소리는 하니캄 셀에서 감소됨으로써 소음기 역할을 한다.

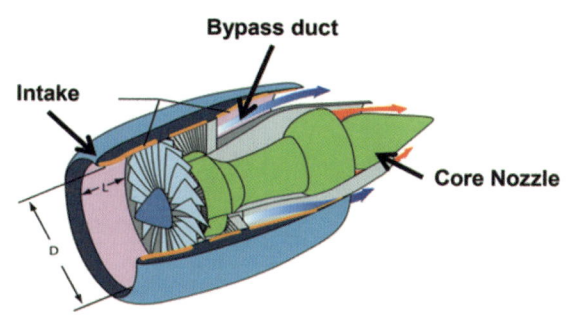

분홍색 : 소음감소 장치가 부착된 부분

135

엔진 방음 라이너는 바이패스 덕트에도 설치되어 있는데, 엔진 냉각과 역추진을 위한 팬 에어의 방향 전환이 이루어지는 곳이므로 이를 고려하여 제작 및 설치한다.

엔진 축의 고속 회전이 가능한 이유는 무엇인가요 - 베어링

터빈 엔진의 경우, 엔진 축을 중심으로 고속으로 회전하는 엔진 내부와 축을 지지하는 고정된 엔진 외부 골격으로 구분된다. 회전하는 축과 고정된 골격을 연결하여 지지하는 것이 베어링이다. 터보 팬 엔진의 베어링은 고속 회전과 엔진 내부의 무게, 그리고 고온을 고려하여 적용하고 있다.

Ball 베어링은 베어링 자체의 외측 고정부분과 내측 회전부분 사이에 Ball이 들어있는 것으로 외측과 내측 간의 만남은 Ball의 겉면인 점으로 만나게 된다. 점으로 만나기 때문에 마찰이 적어 고속 회전에 적합하지만, 하중을 많이 받는 곳에는 Ball의 점이 쉽게 뭉그러지기 때문에 적합하지 못하다.

Ball 베어링

Roller 베어링

Roller 베어링은 베어링의 고정부분과 회전부분 사이에 Roller

가 들어있는 것으로, Ball은 베어링 외측과 내측 간에 점으로 만나지만, Roller는 선으로 만나게 된다. 선으로 만나기 때문에 하중을 많이 받는 곳에 적합하다.

Ball 베어링의 경우는 고속 회전이지만 하중은 적게 받는 팬 및 압축기의 축에 장착하고, Roller 베어링의 경우는 터빈 엔진의 축을 지지하면서 분출하는 연소가스가 터빈을 통과할 때 발생되는 방사성 하중을 견디도록 압축기 터빈 축과 팬을 구동하는 Power 터빈 축에 장착한다.

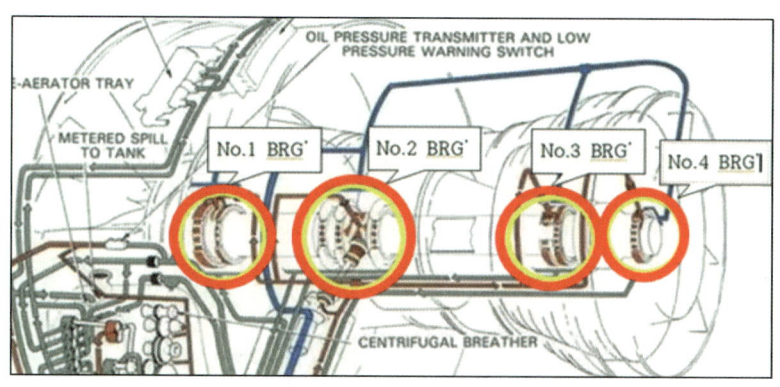

터보 팬 엔진, 좌측이 팬, 우측이 터빈 부분임

뜨거운 엔진 내부에서 고속으로 회전하는 베어링의 Oil은 윤활작용뿐 아니라 냉각작용도 하므로 매우 중요하다. 각각의 베어링에 주입된 Oil은 모아서 냉각 후 Oil 펌프를 통해 다시 베어링에 공급한다.

여객기는 착륙 후 감속 시 왜 굉음을 내나요

비행기는 착륙 후에 속도 감소를 위한 역추진 Reverse Thrust 을 사용하기 위해 Power를 증가시킨다. 터빈 엔진을 주로 사용하는 여객기는 역추진 방식을 적용하고, 프로펠러 비행기는 Reverse Pitch Propeller를 사용한다. 항력을 증가시켜 감속시키는 장치로는 Speed Brake와 Spoiler 등이 있다.

터빈 엔진에서 사용하는 역추진 방식은 타깃 리버서 Target Reverser와 캐스케이드 리버서 Cascade Reverser 두 가지 방식 중 하나를 사용한다.

타깃 리버서는 엔진 Tail Pipe 외부에 있는 Clamshell Door를 Tail Pipe 뒤쪽으로 회전시켜 팬에서 생성된 추력과 터빈을 통과한 연소가스의 유출을 차단하고 추력의 일부는 앞으로 방향을 바꾸어 감속하는 장치이다.

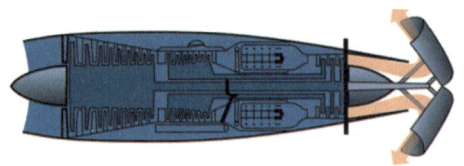

Target or Clamshell Reverser

역추진 사용 전　　　　역추진 사용 후

캐스케이드 리버서는 터보 팬 엔진에 많이 적용되며, 팬에서 발생되는 공기흐름을 반전시켜 감속하는 것으로 타깃 리버스보다는 덜 효과적이지만, 엔진에는 크게 무리를 주지 않는다. 이유는 타깃 리버스의 경우 연소가스의 흐름까지 반전시키기 때문에 터빈을 통과한 뜨거운 배기가스가 리버스하는 과정에서 엔진에 영향을 미칠 수 있는 반면, 캐스케이드 리버스는 팬의 추력만 반전시키기 때문에 엔진에는 영향을 주지 않기 때문이다. 타깃 리버스를 고출력으로 오랫동안 사용하여 터빈 블레이드가 일부 녹아내리는 사례도 있었다.

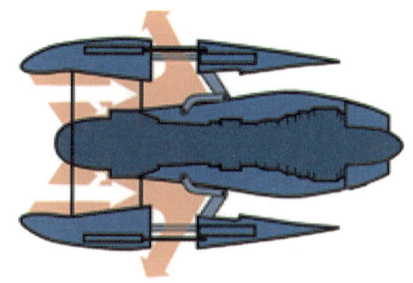

Cascade Reverser

Cascade Reverser를 활용한 감속

프로펠러 비행기에서 사용하는 Reverse Pitch Propeller는 프로펠러의 Pitch를 변경함으로써 Reverse Thrust를 발생시킨다.

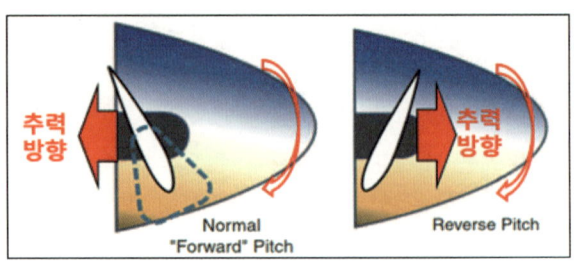

Reverse Pitch Propeller의 Pitch 변경

전투기는 착륙 후 기수를 계속 들고 있음Nose Hold으로써 항공역학적 항력Aerodynamic Drag을 증가시켜 속도를 감소한다. 속도 감소에 따라 기수를 내린Nose Low 후에는 브레이크Wheel Brake를 사용한다. 추가적인 감속장치로 일부 전투기에서 사용하는 Drag Chute가 있다.

Drag Chute로 감속 중인 F-4E 팬텀

A380은 엔진이 4개이지만, 역추진은 안쪽 엔진 2개만 적용되었는데, 좌우 날개폭이 65~69미터 정도인 보잉 747과 달리 A380의

좌우 날개폭은 79.8미터에 달하는 특대형 기체이다 보니 활주로에 착륙할 때 활주로 크기에 따라 바깥쪽 엔진1번, 4번 엔진이 활주로 밖으로 벗어날 가능성이 있다. 이때 바깥쪽 엔진에도 역추진 시스템을 장착하여 작동시킬 경우 강한 역추진 바람이 활주로 밖의 이물질을 활성화시켜 엔진이 흡입하거나 활주로 쪽으로 들어오게 할 수 있으며, 유도로를 지나는 다른 비행기에도 영향을 줄 수 있으므로 안쪽 2번, 3번 엔진만 역추진이 가능하도록 만들었다.

A380, 안쪽 엔진만 역추진 작동 중

05. 비행기 연료 이야기

비행기는 어떠한 연료를 사용하나요

비행기에 사용하는 엔진은 왕복 엔진과 터빈 엔진인데, 왕복 엔진에는 항공가솔린 Aviation Gasoline, AVGAS 을 사용하고, 터빈 엔진에는 제트유 Jet Fuel 를 사용한다.

왕복 엔진을 위한 항공가솔린 AVGAS 은 일반적으로 프로펠러를 가진 경비행기의 연료로 사용하며, 자동차에 비해 옥탄가가 높다. 이는 이륙 시 출력 및 엔진의 가속이 자동차에 비해 월등해야 하기 때문인데, 옥탄가가 높을수록 노킹 Knocking 이 일어날 확률이 적어 상대적으로 높은 출력을 낼 수 있다.

과거에는 사용되지 않았으나 최근 들어서 디젤 왕복 엔진도 사용하고 있다. 디젤 엔진은 비행기에 장착하기엔 엔진이 너무 무겁고 고도를 상승할수록 공기밀도와 온도가 낮아지게 되기 때문에 연소 안정성과 재시동성이 떨어지는 문제로 인해 사용되지 않았으나,

AVGAS의 가격 상승과 연료 분사기 및 과급기 등 자동차용 디젤 엔진 기술의 급속한 발전으로 중량 대 출력비와 높은 고도에서의 신뢰성이 향상되어 디젤 엔진을 장착한 비행기도 운영하고 있다. 연료는 제트유를 기본으로 하고, 필요 시 디젤경유도 병행 사용한다.

터빈 엔진을 위한 제트유Jet Fuel는 높은 고도에서 비행함에 따라 빙결방지제를 넣어 어는 점을 영하 40°C 이하로 낮추어야 하고, 단시간 내에 고공으로 상승하기 때문에 외기압력과 온도의 급격한 저하로 인해 발생하는 연료의 증발현상 또한 감소시켜야 한다. 제트유로 등유Kerosene를 사용하는 이유는, 높은 고도에서는 기압이 낮아 액체의 끓는 점이 낮아지고 기화가 빨리 진행되는데, 등유는 휘발성이 낮기 때문이다. 제트유로 사용하기 위해서는 등유에 빙결방지제에 추가하여 산화 및 부식 방지제, 정전기 방지제, 윤활 향상제 등을 첨가한다.

민간용 제트유는 케로신Kerosene, 등유 타입으로 등유를 기반으로 만들어지며 Jet A/A-1으로 불린다. 높은 고도에서는 기압이 낮아 연료의 기화가 진행되어 기포가 연료관을 막는 증기패쇄Vapor Lock 현상이 발생될 수 있는데, 등유는 휘발성이 낮아 이러한 현상을 일으키지 않는다. 또한 얼지 않는 첨가물을 넣어 영하 47도에도 얼지 않도록 만든다.

군용 제트유는 험난한 환경과 피탄 시 폭발 가능성을 줄이기 위해 민간용 제트유에 비하여 각종 첨가제를 더 넣어서 만든다. 명칭은 Jet Propellant이며 줄여서 JP라고 한다. 옥탄가와 납 함유량에 따라 JP-1, 2, 3, 5, 6, 8, JP-TS 등급으로 나뉘며, Jet A-1과 유사한

JP-8이 보편적으로 사용되고 있다.

제트유의 특징으로, 발화점불이 붙는 온도이 상당히 높지만, 일단 화재가 나면 많은 인명과 장비의 손실로 이어지기 때문에 취급 시 각별한 주의가 필요하다. 급유 시 비행기 / 급유장비 / 지면 간의 접지인 3점 접지와 1m 이내 불씨 및 정전기 접근 금지, 소방장비 배치가 의무화되어 있다. 또 주변에 강한 출력을 내는 레이더에 노출되어 있거나 반경 8km 이내에 번개가 치고 있어도 급유는 금지된다. 급유작업 중에는 승객의 탑승이 금지되기도 하는데, Jet-B 같은 휘발유 기반의 제트유는 승객의 탑승이 금지되지만, Jet-A/A1 같은 등유 기반 항공유는 승객이 탑승하거나 내리는 것은 물론 승객이 비행기 내에 있어도 급유가 가능하다.

주유 시 정전기 문제가 대두된 것은 2차대전 중으로, 당시 전투기는 AVGAS를 사용하는 왕복 엔진이었다. 겨울에 차가운 외부 공기로 인해 일반장갑을 낀 상태로 손을 비빈 후 주유할 때 화재가 발생하곤 하였는데, 원인을 알아보니 정전기 때문이었다. 이후 정비 시 면장갑을 사용하도록 했다.

제트유에 대한 바르지 못한 상식으로, 영화 다이하드 2 끝부분에 악당들이 제트유가 유출되는 B-747을 타고 이륙하는데 지상에서 유출된 제트유에 불을 붙이니 흘러나온 제트유를 따라 화염이 이동하여 악당들의 비행기가 폭발하는 장면이 나온다. 이 영화의 명장면이지만 감독의 지시(?)로 연출된 대표적인 오류이다. 제트유등유는 휘발성이 적어서 그렇게 불이 쉽게 붙지 않으며, 경유와 특성이 비슷하여 라이터나 성냥을 떨어트려도 불이 붙지 않고 꺼질 정도이다.

영화 다이하드 2, 제트유를 따라 불길이 비행기로 이동하는 장면

　다만 연료탱크 안의 유증기는 액체상태의 연료에 비해 폭발성이 강하므로 유증기에 의한 인화 및 폭발이 위험하다. 실제로 많은 항공사고에서 희생자들의 주된 사망 이유는 제트유의 화재인데, 불시착하더라도 초기에는 불이 붙지 않다가 흘러나온 유증기에 점화되고 이로 인해 제트유 점화로 이어져 단시간 내에 불이 번지게 되기 때문이다. 제트유 특성상 서서히 불이 번지는 것이 아니고 갑자기 불이 붙어 단시간 내에 번지기 때문에, 비행기에 불이 붙기 전에 얼마나 빨리 탈출하느냐가 생존에 가장 큰 영향을 주는 변수이다.
　전투기의 경우 피탄 시 제트유의 유출을 방지하기 위해 일부 내부 연료탱크는 벽체 중간에 액체 천연고무를 넣음으로써 피탄 시 구멍을 막아 연료 유출을 방지토록 한다.
　항공유의 성분인 탄화수소炭化水素, hydrocarbon는 현재 문명의 주요 에너지원인데, 주된 용도는 가연성 연료이다. 탄화수소는 탄소C와 수소H만으로 이뤄진 유기 화합물을 일컬으며 가솔린, 파라핀, 항공유, 윤활유, 파라핀왁스, 벤젠, TNT, 아스팔트 등도 모두 탄화수소 혼합물이다. 제트유에 포함된 탄화수소가 연소실에서 연소되면 부피가 팽창하면서 이산화탄소와 물을 생성하는데, 부피가 팽창되면서 발생되는 연소가스의 압력과 속도는 추력을 생산하도록 터빈을 구동시킨다. 이후 연소가스로 배출되는 이산화탄소와 물 중에서 기화상태인 물은 외부 공기가 낮을 경우 서로 붙어 응결하게 되는데, 이것이 높은 고도에서 비행기가 지나간 하늘에 생기는 비행운이다.

비행운 Contrail

비행기 엔진의 연료는 어떻게 생산하나요

비행기 엔진에 사용하는 항공가솔린 및 제트유는 원유를 분별 증류해 생산된다. 분별 증류는 끓는 점이 다른 혼합물을 가열하여 끓는 점이 낮은 것부터 혼합물을 분리하는 과정을 의미하며, 원유를 분리하는 데 쓰인다.

원유는 여러 가지 물질이 혼합된 점액질 형태인데, 이를 가열했을 때 끓는 점이 낮은 물질부터 증발하고, 이렇게 기화된 물질을 다시 냉각기로 식혀 차례로 분리한다. 탄소가 적고 가장 가벼운 LPG가 먼저 생성되며 휘발유, 나프타, 등유, 경유 등 차례로 끓는 점에 따라 분리된다. 터빈 엔진에 사용하는 연료는 휘발성이 너무 높으면 사용 전에 증발해 버리므로 휘발성이 낮은 등유를 가공하여 만들어진다. 따라서 난방이나 조리기구에 주로 사용하는 등유와 성분상 큰 차이가 없으며, 일반적으로 등유에 각종 첨가제를 혼합해 제조한다.

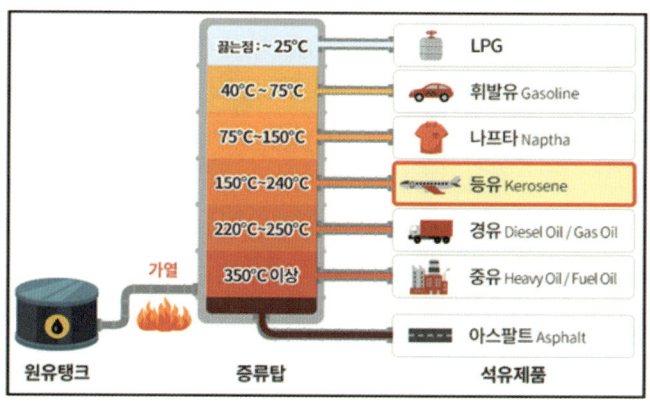

원유의 끓는 점에 따른 석유제품

여객기는 고고도로 비행하는데, 연료는 얼지 않나요

비행기의 연료는 용도에 맞는 다양한 첨가제를 포함시켜 비행기에 공급한다. 고고도 비행 시 연료가 얼지 않도록 석출점 Freezing Point을 조절하는데, 고공정찰기의 경우 영하 53℃에서도 운영 가능하도록 제조하고 있다.

유종	용도	인화점℃	석출점℃	첨가제
Jet A-1	일반민항기	40 이상	-47.5 이하	AO, CI, SDA
JP-8	군용전투기	38 이상	-47 이하	FSII, AO, CI, SDA
JP-5	항공모함 전투기	60 이상	-46 이하	FSII, AO, CI
JP-TS	고공정찰기	43 이상	-53 이하	FSII, AO, CI, LI

제트유별 품질관리

품질관리 항목으로 인화점Flash Point은 불이 붙는 최저온도로써 불이 지속되기에는 낮은 온도인데, 제트유의 경우 화재방지를 위해 인화점을 높게 만들며, 항공모함 탑재 전투기의 연료인 JP-5는 항공모함 안전관리를 위해 인화점을 60℃ 이상으로 상향하여 관리한다.

석출점Freezing Point, 어는 점은 결빙현상으로 연료계통이 막히는 것을 방지하기 위해 석출점을 관리한다.

물분리지수WSIM는 수분으로 인한 빙결 방지를 위해 주유 전 여러 단계의 필터를 거쳐 수분을 제거한다. WSIM : Water Separation Index Modified

황 / 머캡탄Mercaptan은 연료계통의 부식을 일으키는 주 원인으로 함량에 제약을 두며, 황은 연소 시 인체에 유해한 아황산가스로 방출되기 때문에 더욱 주의가 필요하다.

제트유 첨가제로는 산화방지제AO, Anti-Oxidant, 부식방지제CI, Corrosion Inhibitor, 정전기 방지제SDA, Static Dissipator Additive, 빙결방지제FSII, Fuel System Icing Inhibitor, 윤활성 향상제LI, Lubricity Improver 등이 있다.

고공정찰기에 사용하는 제트유 JP-TS는 장시간 고공비행을 위해 석출점이 낮고 추출 범위가 매우 좁아 화학공정 용제로만 생산할 수 있다.

제5장

비행기 장치

01. 조종장치 이야기

커다란 여객기를 조종하려면 힘이 좋아야 하지 않나요

항공산업이 발전하고 비행기 설계자는 공기역학에 대해 더 많은 것을 알게 되면서 보다 더 크고 빠른 비행기가 만들어졌다. 이에 따라 조종면에 작용하는 공기역학적 힘은 증가할 수밖에 없는데, 조종사가 크게 힘들이지 않고 유연하게 비행기를 조종할 수 있도록 엔지니어들은 여러 가지 시스템을 개발하였다.

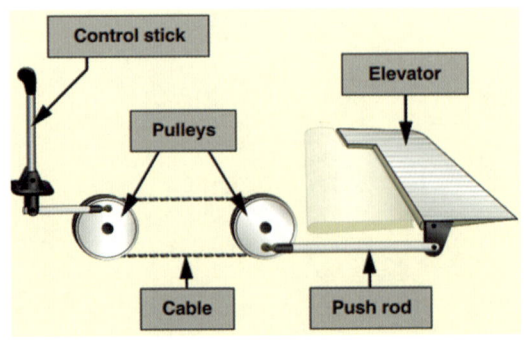

케이블로 조종하는 기계식 조종장치

케이블로 연결되어 조종면을 움직이게 하는 기계식 조종장치에 유압 시스템을 접목시킴으로써 조종계통의 복잡성과 무게의 제한 사항을 해결하게 되었다.

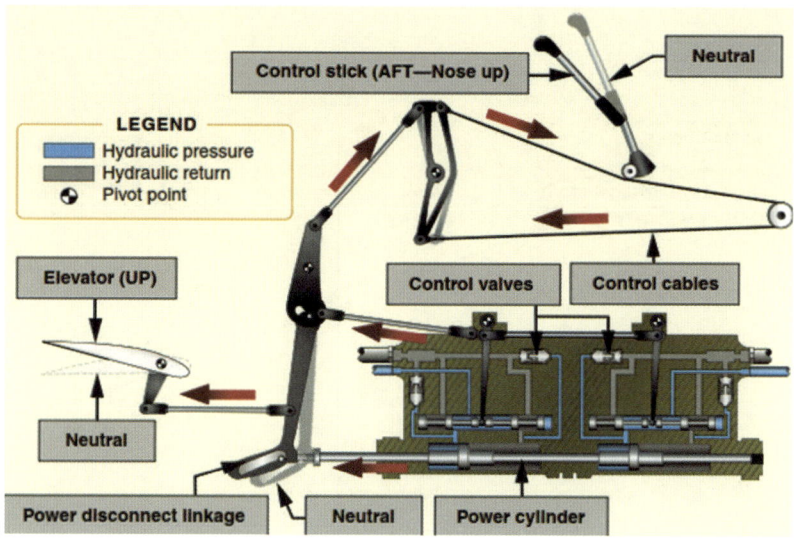

유압기계식 조종장치

비행기가 점점 복잡해짐에 따라 조종면을 전기모터, 디지털 컴퓨터, 광선 케이블 등을 활용하여 세밀하게 작동시키도록 하였는데, Fly-by-Wire로 불리는 전기신호식 비행조종장치는 전기적 매개체계 Electrical Interface를 활용하여 조종사의 조종과 비행기의 조종면을 연결시켜 주는 조종장치이다.

비행기 조종시스템은 에일러론, 엘리베이터, 러더 등으로 구성된 1차 조종면이 있고, 플랩, 트림, 스포일러 등으로 구성된 2차 조종면이 있다.

비행기는 어떻게 움직이나요 - 1차 조종면

비행기의 운동은 1차 조종면Primary Flight Controls을 통해 비행기 무게중심CG, Center of Gravity을 기준으로 교차되는 3개의 축을 움직임으로써 이루어진다.

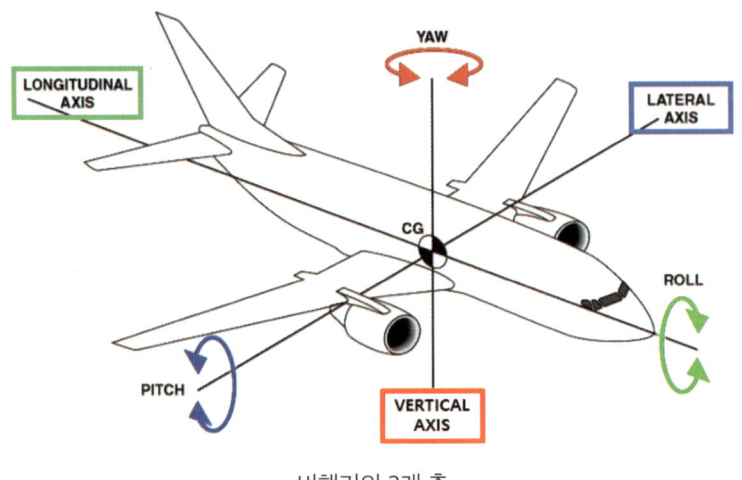

비행기의 3개 축

가로축Lateral Axis은 날개 쪽을 연결하는 축으로 엘리베이터에 의한 Pitching 모멘트를 제공한다. 세로축Longitudinal Axis은 비행기 앞과 뒤를 연결하는 축으로 에일러론에 의한 Rolling 모멘트를 제공한다. 수직축Vertical Axis은 러더에 의한 Yawing 모멘트를 제공한다.

에일러론, 엘리베이터, 러더 등으로 구성된 1차 조종면은 조종사의 조종에 대한 비행기의 반응이 적절히 구현되도록 한다. 저속에서는 조종면을 움직이는 것이 부드럽고 유연하게 느껴지며 비행기는 느리게 반응한다. 반면 고속에서는 조종면을 움직이기 위해 힘이 더 들어가게 되고 움직인 조종면에 대한 비행기의 반응은 더 빨라지게 된다.

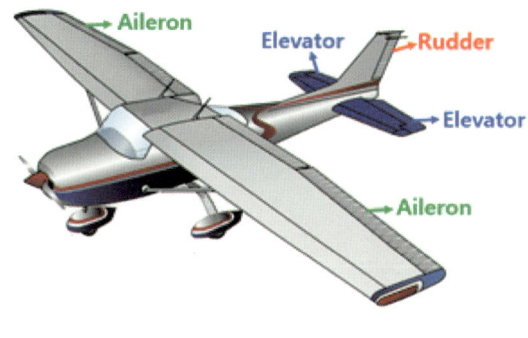

1차 조종면

에일러론Aileron은 좌우 날개의 뒷전Trailing Edge에 부착되어 있으며 서로 반대방향으로 움직임으로써 세로축을 기준으로 Rolling옆놀이을 제공한다. 조종간을 좌로 움직이면 좌측 에일러론은 위로 움직여 양력을 감소시키고, 우측 에일러론은 아래로 움직여 양력을 증가시킴으로써 비행기는 좌로 경사Bank져 기울어지게 된다.

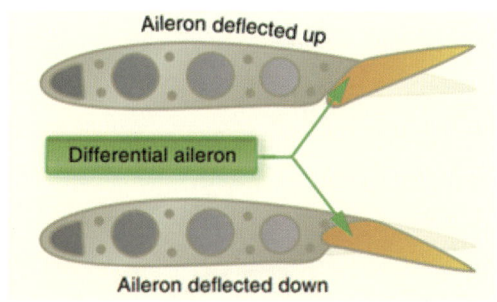

Differential Aileron

엘리베이터 Elevator는 가로축을 중심으로 Pitching 키놀이을 제공한다. 만약 조종간을 후방으로 움직인다면 수평안정판의 엘리베이터가 올라감으로써, 아래로 향하는 항공역학적인 힘을 생성하게 된다. 이로써 꼬리부분이 내려가는 Tail Down 현상이 발생되어 Nose는 Up이 된다.

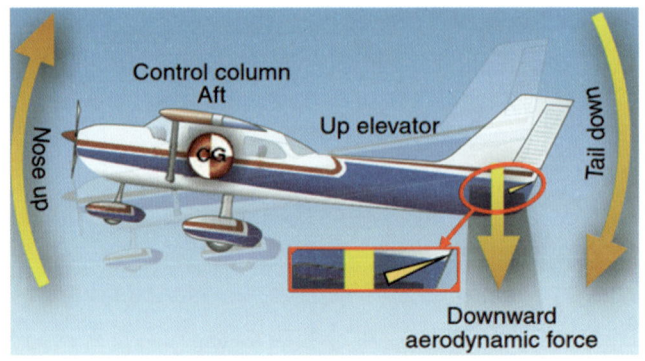

Tail Down에 의한 Nose Up 현상

러더 Rudder는 수직안정판에 있는 조종면으로, 수직축에 대하여 비행기를 좌우로 움직이게 하는 Yawing 빗놀이을 제공한다. 만약 좌측 발로 좌측 러더 패달을 앞으로 움직이면 수직안정판의 조종면이 좌로 편향되어 꼬리부분을 우로 움직이게 하며, 이로써 Nose를 좌로 틀어지게 하는 Yaw가 발생된다.

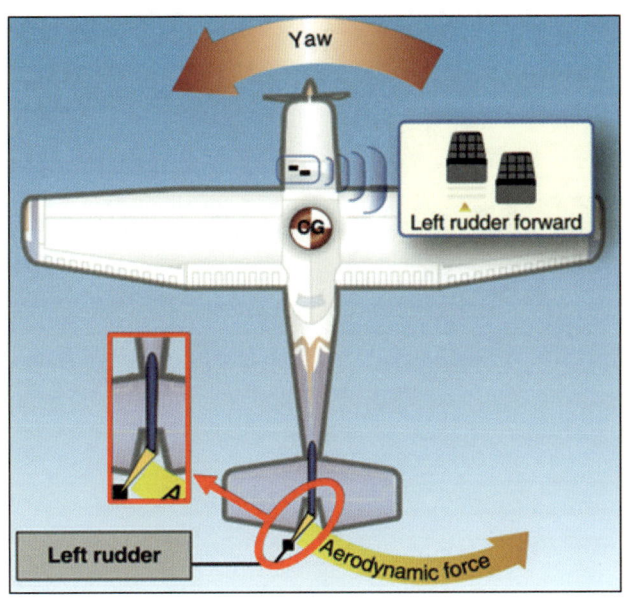

좌측 Rudder 사용 시 좌로 편향됨

1차 조종면 외에 다른 장치는 무엇이 있나요 - 2차 조종면

2차 조종면 Secondary Flight Controls은 날개의 플랩 Flap, 앞전 고양력 장치 Leading Edge Device, 스포일러 Spoiler, 트림 Trim 등으로 구성되어 있다.

플랩 Flap은 에어포일의 캠버를 증가시켜 양력 발생을 증가시키는 고양력 장치 High Lift Device로 적은 속도로도 제한된 활주로에서 이착륙이 가능하도록 하고, AOA 변화를 최소화한 상태에서 양력을 증가시키기 때문에, 저속에서 기수가 들려 시야가 가리는 현상을 최소화할 수 있다.

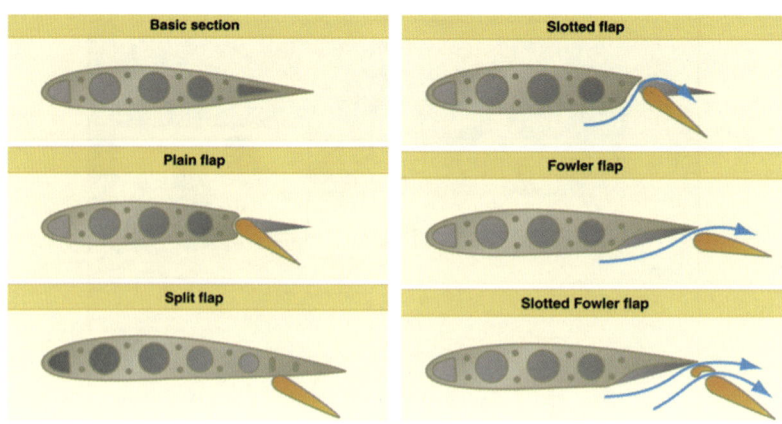

Flap의 종류

앞전 고양력 장치 Leading Edge Device 는 고정된 슬롯 Fixed Slot 과 움직이는 슬랫 Movable Slat, 앞전 플랩 Leading Edge Flap, 커프 Cuff 등이 있다.

슬롯 Slot 은 사전적 의미로 가늘고 긴 홈 / 좁은 통로를 의미하고, 슬랫 Slat 은 넓고 판판하게 켠 나뭇조각에서 떨어져 나온 작은 부분을 의미한다. 날개 앞전에 슬랫을 고정하여 장착함으로써 앞전과 슬랫 사이에는 바람이 통과하는 가늘고 긴 통로, 즉 슬롯이 형성되는데, 이것을 고정식 슬롯 Fixed Slot 이라 한다. 슬롯을 통해 날개 아래로 가는 공기의 일부를 윗면으로 흐르게 함으로써 높은 받음각에서 공기흐름의 박리를 지연시켜 실속을 방지토록 한다.

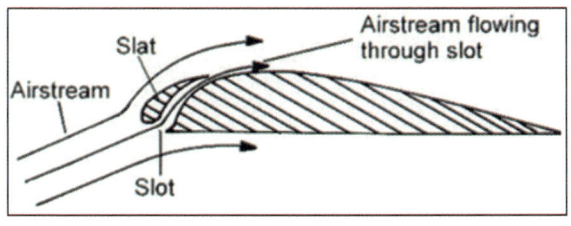

슬롯 Slot과 슬랫 Slat

고정식 슬롯 비행기

움직이는 슬랫을 내리게 되면 앞전과 슬랫 사이에 슬롯이 형성되어 높은 받음각에서 날개 아래로 가는 공기의 일부를 윗면으로 흐르게 하여 박리현상을 지연시킨다.

Fixed Slot

Movable Slat

앞전 플랩Leading Edge Flap은 에어포일의 캠버를 변경함으로써 양력을 추가로 발생시킨다. 앞전 플랩은 양력을 항력보다 더 크게 증가시키는 효과가 있다.

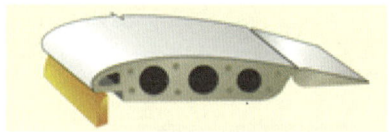 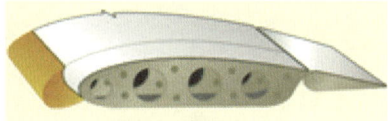

Leading Edge Flap   Leading Edge Cuff

커프Cuff는 앞전 플랩과 같이 확장된 날개의 한 부분으로 고정식이다. 이는 높은 받음각에서도 날개의 윗면에 공기흐름을 원활하게 유지시킴으로써 적은 실속 속도를 유지할 수 있게 한다.

Leading Edge Cuff, 확장된 날개 앞전

스포일러Spoilers는 날개 윗면에 장착된 고항력 장치High Drag Device이다. 이 장치는 날개 위에 흐르는 공기흐름을 방해하여 양력을 줄이고 항력을 증가시키는 것으로, 강하율Descent Rate을 증가하거나 속도를 감소시킬 때 사용한다. 또한 롤Roll 운동에 도움을 주는

데, 예를 들어 좌로 선회할 때 좌측 에일러론이 올라오면서 에어포일 캠버를 감소시켜 양력을 줄이는데, 여기에 좌측 스포일러가 추가적으로 올라와서 양력을 더 감소시키고 항력을 증가시킴으로써 좌측으로 쉽게 Bank가 들어가도록 한다. 착륙 후에 스포일러를 올라오게 함으로써 속도를 신속히 감소시켜 착륙 활주거리를 짧게 해준다.

스포일러

트림Trim 은 조종간의 조종압력을 감소시켜 조종사의 부담을 최소화한다. 트림은 비행기가 일정한 자세를 유지하도록 조종면을 움직여 일정한 지점에 위치시킴으로써 비행기 조종에 도움을 준다. 트림 시스템에는 트림 탭Trim Tab, 밸런스 탭Balance Tab, 안티서보 탭Anti-Servo Tab, 지상 조절 탭, 조절 안정판 등이 있다. 소형비행기에 많이 사용되는 트림 탭은 조종면과 반대로 작동함으로써 조종간의 힘을 감소시켜 준다. 트림 탭은 조종면 끝에 위치하는데, 지렛대

원리에 따라 트림 탭의 작동 모멘트가 크기 때문에 조종면을 반대로 움직이게 한다.

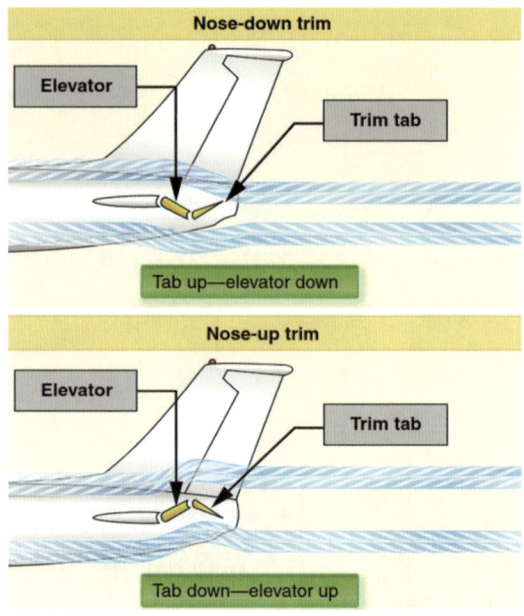

엘리베이터는 트림 탭과 반대로 움직임

오토파일럿은 어떻게 작동하나요

오토파일럿은 조종사를 대신하여 입력된 비행경로와 고도를 비행하게 하는 자동조종장치이다.

기본적으로 오토파일럿을 위한 장비로는 비행경로 및 고도, 무게 등을 입력함으로써 정확한 자동 장거리 항법 기능을 제공하는 FMS, 비행기 제어를 위해 고도, 속도, 온도, 위치, 경로 등을 통합하여 원하는 비행자료를 산출하는 FGC 등이 필요하다.

FGC는 최종 결과치인 비행지시 심볼Flight Director, FD을 생산하여 시현시키는데, 비행기의 현 비행경로Flight Path를 FD와 일치시키면 계획된 비행경로와 고도를 유지하여 비행할 수 있다. 간략히 표현하면, 오토파일럿은 FD와 Flight Path를 자동적으로 일치시켜 주는 것이며, 이를 위해 각각의 조종면에는 FGC의 통제 하에 조종면을 움직이게 하는 Servo가 장착되어 있다.

MCP Main Control Panel 고도 / 속도 / 방향 / 비행 mode 선택 및 해제 · 변경

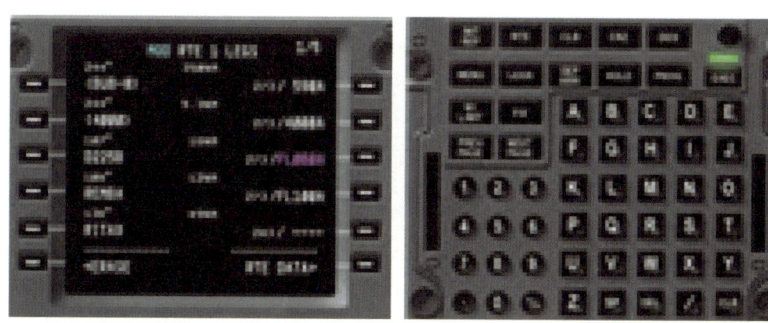

FMS CDU

* FGC : Flight Guidance Computer
* FMS : Flight Management System
* CDU : Control Display Unit

02. 고도 및 속도계 이야기

비행기의 고도, 속도를 측정하는 계기는 무엇 - 동정압 계기

동압Dynamic Pressure은 비행기가 진행함에 따라 Pitot Tube로 유입되는 맞바람의 압력이며, 정압Static Pressure은 비행기 주변의 대기압인 정적 압력을 의미한다. 동정압 계기는 동압과 정압을 측정하여 압력의 크기와 변화를 나타내 주는 계기로, 고도계와 승강계, 속도계 등이 있다. 고도계와 승강계는 정압공Static Port에서 측정된 공기의 정압을 활용하고, 속도계는 Pitot Tube에서 측정된 공기의 전압동압+정압과 정압공에서 측정된 정압을 이용하여 측정한다.

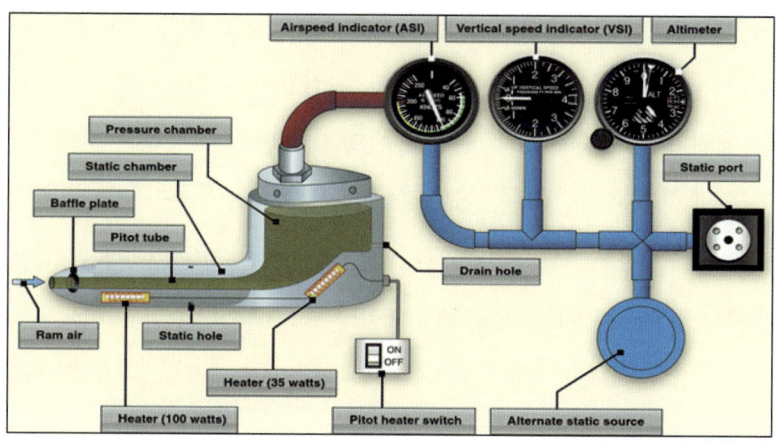

Pitot-Static System and Instruments

비행기 고도는 어떻게 측정하나요 - 고도계 Altimeter

고도계는 비행하고 있는 비행기 주위의 정압을 측정하여 고도계의 기압계 창 Altimeter Setting Window에 맞추어진 기압면으로부터 비행기까지의 높이를 feet 또는 meter로 나타내는 계기이다.

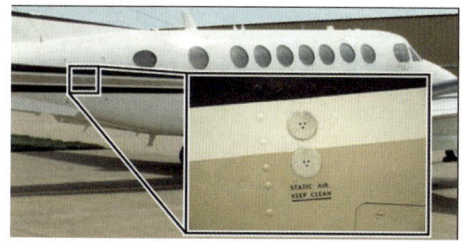

정압공 Static Port

고도계의 내부에는 29.92inHg의 기압이 채워져 있는 주름진 청동 아네로이드가 있으며, 아네로이드의 수축과 팽창에 따라 고도를 지시하는 바늘이 연결되어 있다. 고도계 내부는 비행하고 있는 비행기 주변의 공기 압력이 전달되도록 정압공과 연결되어 있고, 이를 통해 고도계 내부로 전달되는 비행기 주변의 대기압과 아네로이드의 압력이 같아지도록 아네로이드는 수축 또는 팽창을 하게 된다. 예를 들어 고도를 상승하면 고도계 내부의 정압은 감소되고 상대적으로 아네로이드 압력은 높아지는데, 아네로이드는 고도계 내부의 감소된 압력과 같아지기 위해 팽창하게 되고 고도계에 연결된 바늘이 움직여 상승된 고도를 가리키게 된다.

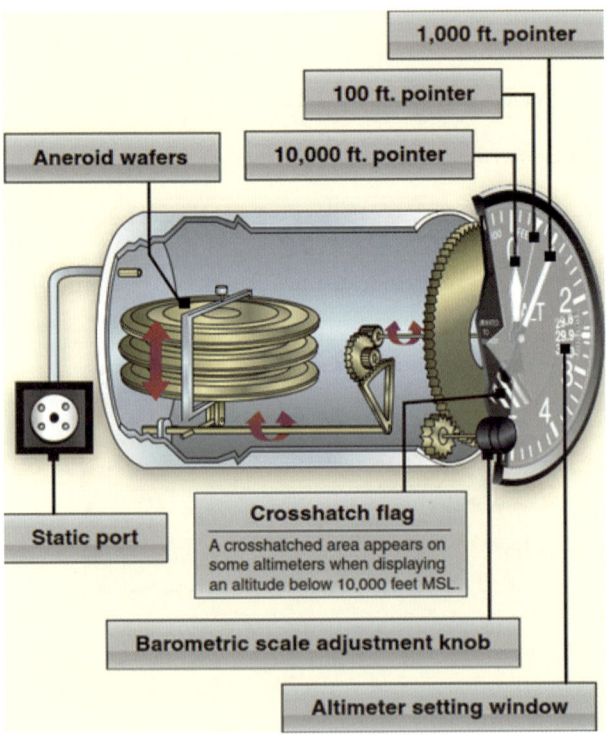

고도계 Altimeter

비행기 속도는 어떻게 측정하나요 - 속도계

전압Total Pressure, 동압 + 정압은 Pitot Tube 입구에서 측정된 동압과 Pitot Tube 옆면에서 측정된 정압을 합한 것이고, 정압은 정압공에서 측정된 것이다. 속도계는 전압과 정압의 차이에 따라 속도계 내부에 있는 다이어프램이 팽창 또는 수축하게 되는데, 다이어프램에 바늘을 연결하여 속도의 크기를 나타내도록 한 것이다. 예를 들어 동일 고도에서 속도를 증가시키면 Pitot Tube로 들어오는 Ram Air가 증가되어 전압이 상승하게 됨으로써 다이어프램이 팽창하고, 속도계에 연결된 바늘을 움직여 속도를 가리키게 한다.

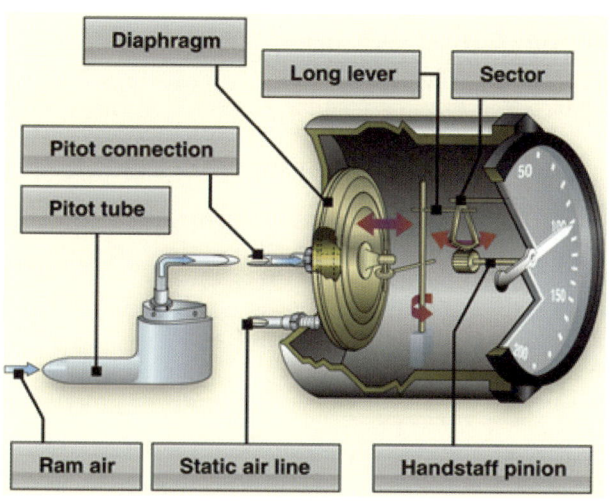

속도계 Airspeed Indicator

03. 착륙장치 이야기

비행기 착륙장치의 기능과 형태가 궁금해요

착륙장치L/G, Landing Gear는 비행기가 주기Parking하거나 지상활주Taxiing, 이륙 또는 착륙할 때 비행기의 하중을 담당하는 중요한 역할을 한다. 일반적으로 착륙장치는 바퀴 형태이지만, 환경에 따라 수상용 및 설상용 장치를 장착하기도 한다.

경비행기의 착륙장치는 2개의 메인 바퀴Main Gear와 비행기의 앞Nosewheel 또는 뒤Tailwheel에 위치하는 하나의 바퀴를 포함하여 총 3개의 바퀴로 구성되어 있다.

방향조종이 가능한 바퀴가 뒤에 있는 착륙장치는 컨벤셔널 랜딩기어Conventional Landing Gear 또는 테일 휠 랜딩기어Tailwheel Landing Gear라고 한다.

Tailwheel Landing Gear

　조종이 가능한 바퀴가 앞쪽에 있으면 트라이서클 랜딩기어Tricycle Landing Gear 또는 노스 휠 랜딩기어Nosewheel Landing Gear라고 한다. 지상에서 움직일 때는 러더 패덜을 움직임으로써 방향조종이 가능하고 일부 비행기는 메인 바퀴의 브레이크 압력 차이를 조절함으로써 방향조종이 가능하다.

Nosewheel Landing Gear

　착륙장치는 고정식Fixed과 접이식Retractable으로 구분할 수 있는데, 고정식은 주로 경비행기에서 사용하고, 통상적으로는 접이식을 사용한다. 착륙장치는 지상에서 주기 및 Taxi, 이착륙 활주를 위해서만 필요하고 비행 중에는 무게와 항력이 발생되기 때문에 오히려 비효율적이다. 공중에서는 불필요하지만, 그러나 지상에서는 반드시 필요한 장치이기에 비행 중 항력을 줄이기 위해 접이식 착륙장치 Retractable Landing Gear를 사용한다.

A-320 L/G Down　　　　　　B-737 L/G Up

어떤 비행기는 앞바퀴의 옆이 돌출되어 있는데, 무엇인가요

옆이 돌출된 타이어　　　　　돌출되지 않은 타이어

  Nose Tire 측면의 가장자리가 돌출된 비행기가 있는데, 이러한 곡선형 돌출부를 Chine 또는 Deflector라고 한다. Chine은 동체 후미에 엔진이 장착된 비행기의 경우에만 적용하며, 물기가 많은 활주로를 활주 시 Nose Tire에서 발생된 물줄기를 옆으로 퍼지게 함으로써 엔진으로 흡입되는 것을 방지해주는 역할을 한다.

 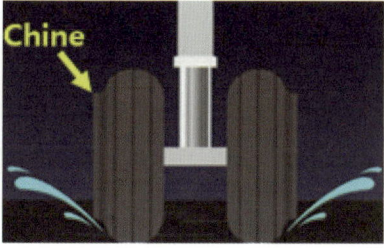

동체 후미 엔진 장착된 비행기　　　　　Nose Tire Chine 역할

04. 방빙 및 제빙 장치 이야기

날개 앞에 얼음이 생겼어요

날개 앞전 Leading Edge 에 형성된 Icing

외기온도가 낮고 구름과 같이 수분이 있는 곳을 비행하게 되면 날개 앞전과 엔진 흡입구 Engine Intake 등에 착빙 Icing 이 발생한다. 착빙이 생기면 양력이 감소되고 항력은 증가하며, 착빙된 얼음으로 인해 무게가 증가하고, 공기 흡입구 착빙은 엔진 성능을 떨어뜨리는 등, 비행기의 성능과 효율이 저하된다. 비행 전 비행기에 결빙이 있을 경우에는 반드시 제거한 다음 비행을 시작해야 한다.

비행 전 제빙작업 장면

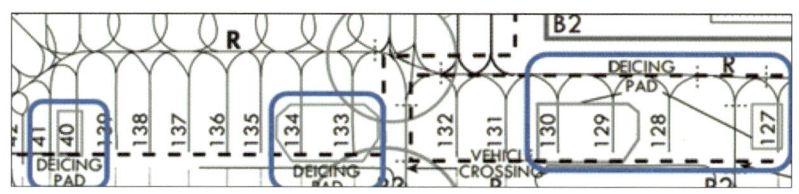

공항 주기장 내 제빙지역 Deicing Pad

비행기에는 Icing 형성을 방지하기 위한 방빙 Anti-Ice 장치와 형성된 얼음을 제거하기 위한 제빙 Deice 장치가 있다. 하지만 경비행기에는 제빙장치는 없고, 속도측정 장치인 Pitot Tube에만 전기열선을 이용한 방빙장치가 있기 때문에 Icing이 형성되는 기상여건 하에서의 비행은 금지하고 있다.

173

비행기에는 착빙이 되기 쉬운 곳에 방빙 및 제빙 장치를 설치하는데, 날개의 앞전, 수평 / 수직안정판의 앞전, 엔진 입구, 온도 / 압력 측정장치 Air Data Probe, 프로펠러, 조종석 창문 등이다.

고온의 공기를 이용하는 방법으로, 엔진으로 흡입된 공기는 압축기를 통과하면서 온도가 상승하게 되는데, 이러한 고온의 블리드 에어 Bleed Air, P3 Air 를 공급하여 방빙 또는 제빙을 하는 방법이다. 일반적으로 날개 앞전과 엔진 입구 등에 적용한다.

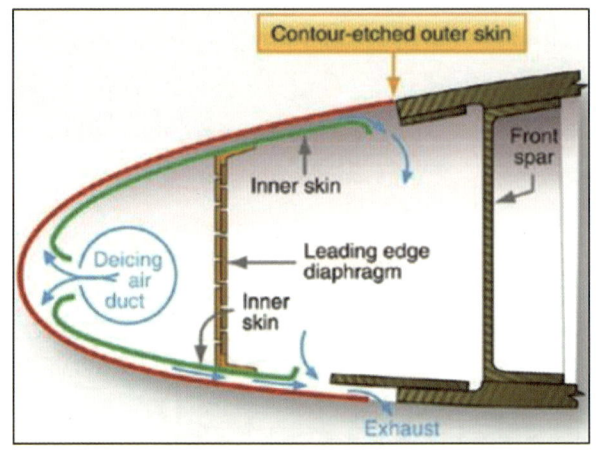

날개 앞전의 방빙/제빙 장치

전기 열선을 이용하는 방법은 피토관, 조종식 창문, 외기온도 감지기, 받음각 AOA 감지기, 실속 감지기, 엔진 입구 온도 / 압력 T2 / P2 Sensor 감지기 및 프로펠러 등의 방빙을 위해 사용한다. 통상 방빙장치는 이륙할 때부터 착륙 시까지 작동시켜 착빙을 방지한다.

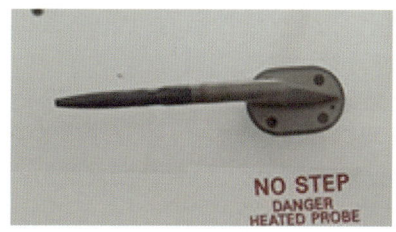
피토관

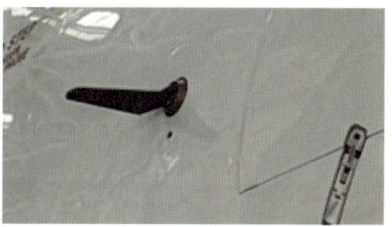
받음각 감지기

실속감지기

T2/P2 감지기

제빙부츠Pneumatic Device Boot System를 이용하는 방법은 날개 및 수평안정판에 고무로 된 부츠Boot를 설치하고 고압의 블리드 에어를 이용하여 부츠를 팽창 및 수축시킴으로써 얼음을 제거하는 방식으로 주로 소형 비행기에 적용하고 있다.

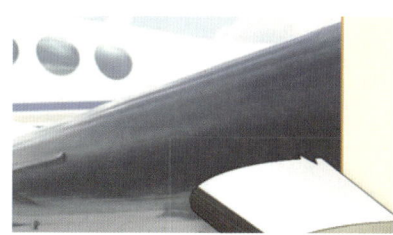
제빙부츠 팽창 전

제빙부츠 팽창 후

프로펠러 비행기의 경우 프로펠러에 전기열선을 장착하여 방빙 및 제빙을 하는데, 고속으로 회전하는 프로펠러에 Icing이 생긴다는 것이 다소 의문시된다. 하지만 계산을 해보면 프로펠러의 속도는 생각만큼 빠르지 않기 때문에 Icing이 형성되고, 전기열선을 장착한 King Air 350의 경우 Icing 지역 비행 시 조종석 측면에서 작은 두두둑 소리가 들리면서 약한 진동을 느낄 수 있는데 이것이 프로펠러에 형성된 얼음이 열선에 의해 분리되면서 조종석 옆면과 부딪히며 나타나는 현상이다.

참고로 프로펠러가 1,500rpm으로 회전하고 180KIAS knots 계기속도로 비행할 경우, 프로펠러가 회전하면서 진행하는 속도를 계산하면 257KIAS이며, Icing 형성이 가능한 속도이다.

회전하는 프로펠러의 속도

05. 비행기 전기와 등불 이야기

비행기는 어떠한 발전기와 배터리를 사용하나요

비행기 엔진에 의해 구동되는 발전기는 교류발전기Alternator 또는 직류발전기Generator를 사용하며, 생산된 전기는 장착된 전기장비를 작동시키고, 잔여 전기는 배터리를 충전시켜 엔진 시동 또는 발전기 고장 시 사용한다.

교류발전기Alternator는 경비행기 및 자동차에서 주로 사용되며, 저속 rpm에서도 충분한 전기를 생산하고 엔진의 모든 구동 rpm에서 일정하게 전기를 발생시킨다. 전기장비를 작동시키고 배터리를 충전시키기 위해서는 직류DC로 변환이 필요한데 정류기Rectifier를 사용한다.

직류발전기Generator는 저속 rpm에서는 충분한 전기를 발생시키지 못한다. 따라서 저속 rpm에서는 직류발전기에서 만들어지는 전기를 사용하지 못하고 배터리 전원을 사용하게 되므로 배터리가 쉽게 방전되는 단점이 있다. 그래서 직류발전기는 엔진 회전수가 높은 터빈 엔진에서 주로 사용한다. 터빈 엔진의 경우 Power를 증가 시 엔진 회전수가 증가하는데, 직류발전기의 과도한 회전을 방지하기 위하여 기계식 변속기를 사용하여 직류발전기의 회전수를 줄여주는 방법을 사용하기도 한다.

배터리Battery는 소형비행기에서는 주로 황산-납Lead-Add 배터리를, 중/대형 비행기에서는 니켈-카드뮴Ni-Cd 배터리를 사용한다.

전기적 과부하 발생 시 회로를 차단하는 장치는 무엇인가요

회로 차단기Circuit Breaker, C/B는 과전류가 회로에 흘렀을 때 전류를 멈추게 하여 전기 회로를 보호하도록 설계된, 자동으로 작동되는 전기 스위치이다.

바이메탈식 회로 차단기는 팽창률이 다른 두 금속판을 막대 모양으로 붙여놓은 바이메탈을 사용한 것으로, 바이메탈에 과전류가 흐르게 되면 저항에 의해 열이 발생되고, 열 팽창률이 작은 금속 쪽으로 휘어지게 된다. 그러면서 회로 연결을 차단하게 되며 C/B는 pop up 되어 조종사에게 시각적으로 인지시켜 준다. C/B 끝에는 암페어가 표시되어 있다.

King Air 350 우측 C/B panel

Switch Type 회로 차단기는 전자석 토글 스위치Solenoid Toggle Switch로써 누전 혹은 과부하 등으로 전류 흐름이 증가하면 전자석의 끌어당기는 힘도 비례하여 증가하는데, 전류량이 한계점 이상이 되면 전자석이 스위치를 더 이상 붙잡지 못하여 스프링의 복원력으로 스위치는 Off 상태로 돌아가며 회로 연결을 차단하게 된다.

King Air 350 Switch Type C/B, 노란색 표시 스위치

비행기는 외부 라이트가 많은데, 언제 작동하나요 - 등불

항공안전법 제54조항공기 등불, 항공안전법 시행규칙 제120조항공기 등불에 따라 비행장에서 엔진 작동 중이거나 이동할 때, 그리고 비행 시 항행등Navigation Light과 충돌방지등Anti-Collision Light을 작동시켜야 한다. 시동 후 이륙을 위해 이동 시 또는 착륙 후 주기장으로 이동 시에는 Taxi Light를 작동시키고, 이륙 및 착륙 시에는 Landing Light를 작동시켜야 한다. 섬광등Strobe Light은 다른 항적에게 나의 위치를 알려주기 위한 목적이며, 장착되어 있는 경우에는 비행 시 충돌방지를 위해서 작동시킨다. 항행등의 좌측등은 적색, 우측등은 초록색, 미등은 백색으로 모든 비행기에 동일하게 설치한다.

Navigation Light

추가로 Wing Ice Light는 날개 앞전을 비추어 Icing 형성을 확인하게 하는 역할을 한다.

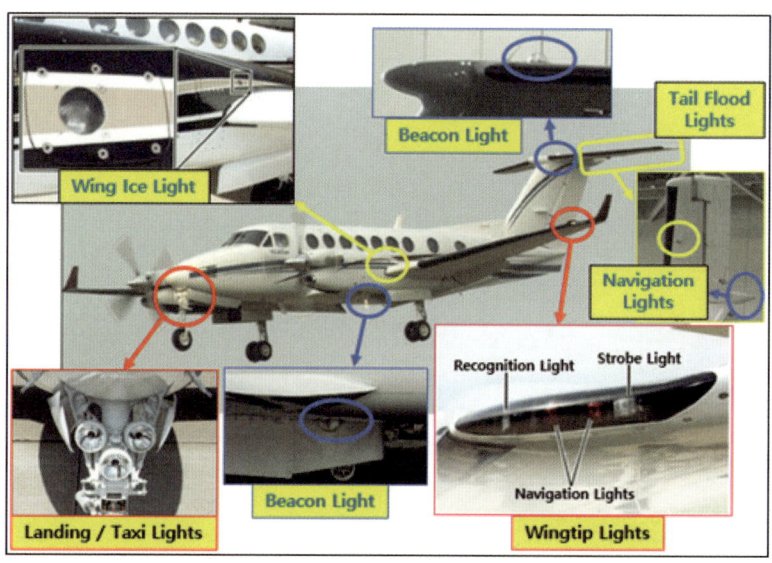

King Air 350 Exterior Lighting

전투기는 비행 시 2대 이상이 편대를 이루어 비행을 한다. 편대가 구름 속을 비행할 때, 특히 야간에 구름 속을 진입하게 되면 점멸Flashing하는 Navigation Lights와 Anti Collision Lights, Strobe Lights 등의 불빛이 구름에 의해 아주 현란하게 반사되어 비행착각 유발 및 편대대형 유지 곤란 등 어려운 상황이 발생된다. 그래서 구름에 진입하기 전, 리더는 요기의 편대비행 참조를 위해 Navigation Lights와 Formation Lights를 약간 어두우면서 지속적으로 켜져 있게 하고 기타는 모두 Off 한다. 요기는 구름 진입 전에 모든 외부등을 Off 하고 리더의 Navigation Lights와 Formation Lights만을 참조하여 편대대형을 유지한다.

제6장

하늘에서의 이야기

01. 하늘길 이야기

자동차 도로와 같이 하늘에도 비행기가 다니는 길이 있나요

우리나라 상공에는 여러 경로의 항로Airway가 있으며, 그 항로 사이에는 군 공역이 있어 전투기들이 훈련을 실시한다. 이러한 항로는 목적지까지 비행하는 동안 타 항적과의 분리를 제공하고 가능한 단거리로 비행하도록 하며, 다른 나라와도 연결되도록 설정되어 있다.

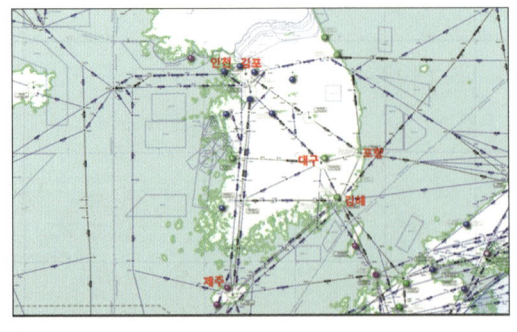

항로Airway, 청색 및 검정색 실선이 항로임

비행기, 특히 여객기는 설정된 여러 항로 중에서 기상과 소요시간 등을 고려하여 목적지로 가기 위한 최선의 비행경로를 선택하여 비행을 계획하고, 계획된 경로를 따라 계기비행으로 비행을 하게 된다.

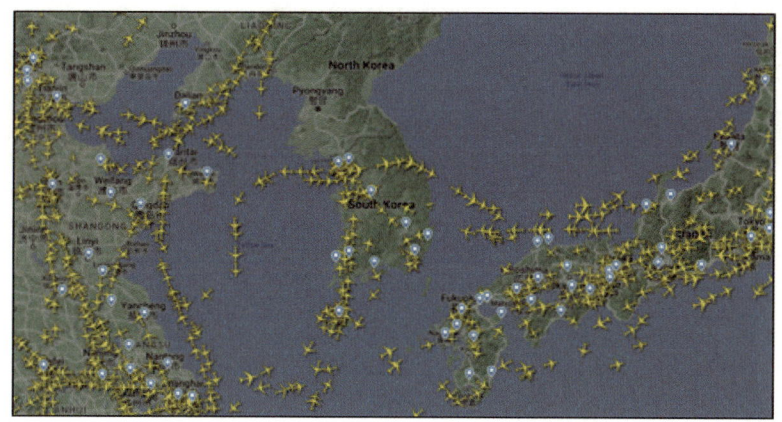

항로 비행하는 민항기, 군용기는 시현 안 됨

공항에서 출항 시에는 이륙 활주로와 비행할 항로에 따라 설정된 여러 가지 표준계기출항Standard Instrument Departure, SID 절차 중에서 하나를 선정하여 출항하며, 이러한 절차들은 비행하기 전에 FMS에 입력한다.

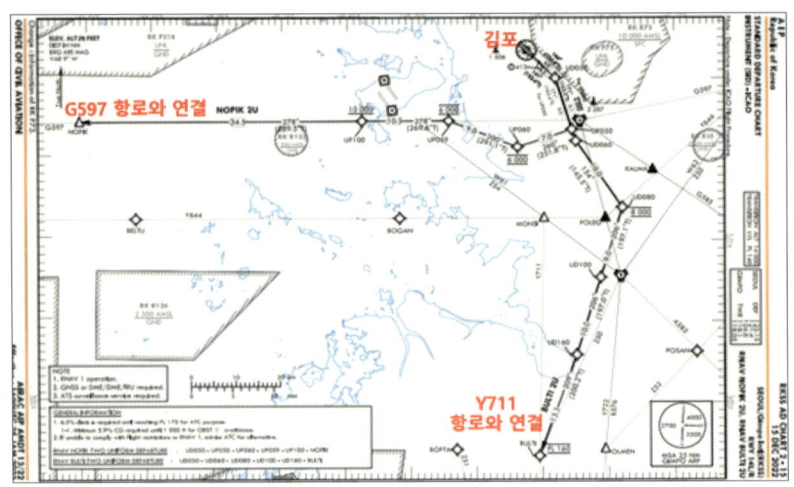

김포공항 SID 예시

　공항으로의 입항 시에도 착륙 활주로와 비행하고 있는 항로에 따라 설정된 여러 가지 표준계기입항Standard Terminal Arrival Route, STAR 절차 중에서 하나를 선정하여 입항하며, 이러한 절차는 FMS를 통해 입항 전에 입력한다. STAR는 착륙 활주로별 계기접근을 시작하기 위한 초기접근지점Initial Approach Fix, IAF까지만 설정되어 있다.

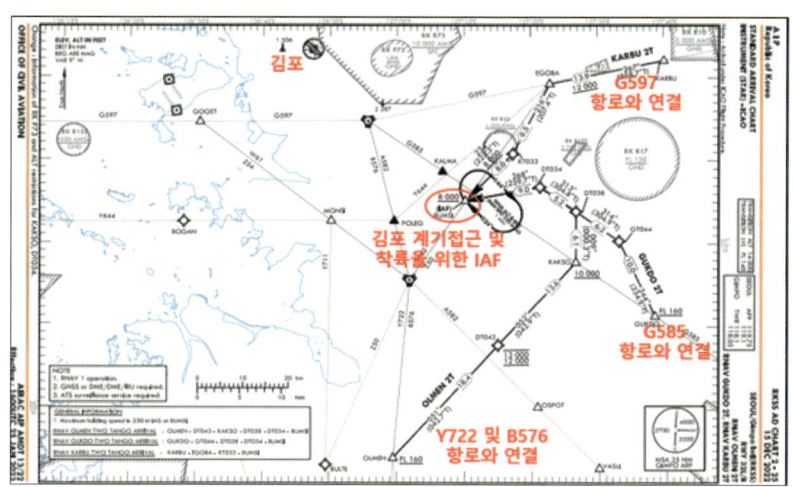

김포공항 STAR 예시

IAF에 도착한 비행기는 관제사의 인가를 받은 후에 착륙을 위한 계기접근을 시작한다. 정해진 경로와 고도를 유지하고 활주로와 가까워지면 속도를 감소시켜 Flap과 Landing Gear를 내린 후 착륙을 한다.

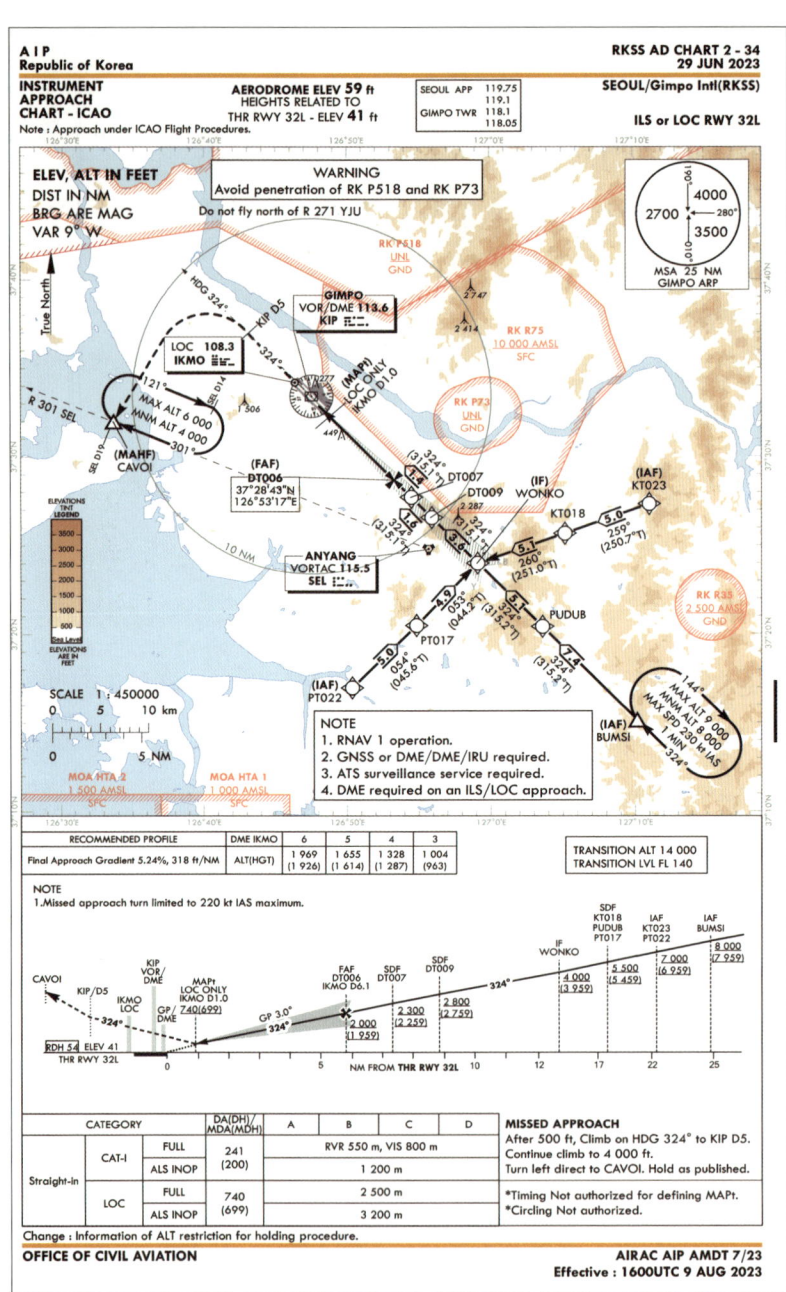

김포공항 계기접근 챠트 예시

SID와 STAR, 계기접근 절차 등은 지상 장애물과의 안전 고도 및 거리 확보, 인접공항, 항로 등을 고려하여 경로 및 고도를 설정한다.

02. 항법 시스템 이야기

비행기에서 사용하는 위성항법은 무엇인가요

GNSS Global Navigation Satellite System, 위성항법체계 는 항법위성에서 전파된 신호를 수신하여 사용자가 자신의 정확한 위치 위도, 경도, 고도와 시각을 실시간으로 측정하는 시스템이다.

GNSS는 미국의 GPS를 비롯한 러시아의 GLONASS, EU의 갈릴레오, 중국의 베이더우 등 위성항법 시스템을 통칭하는 용어이다. 흔히 GPS라고 하지만, GPS는 엄밀히 말하면 미국의 시스템을 일컫는 말이다. 지역한정위성항법체계 RNSS, Regional Navigation Satellite System 는 인도의 IRNSS, 일본의 QZSS, 우리나라가 개발 중인 KPS 등이 있다.

GNSS는 인공위성을 기초로 매우 정밀한 위치와 속도 정보를 무제한으로 이용자에게 제공하는 전천후 항법 시스템으로, 공항 입출항 및 계기접근을 위한 RNAV Deapature / RNAV Arrival / RNAV

Approach와 RNAV Route 비행 시 활용한다.

지역항법RNAV, Area Navigation은 비행기에 장착된 장비능력 범위 내 또는 항법신호의 수신범위 내에서 원하는 비행경로를 비행할 수 있도록 해주는 항법의 한 수단이다.

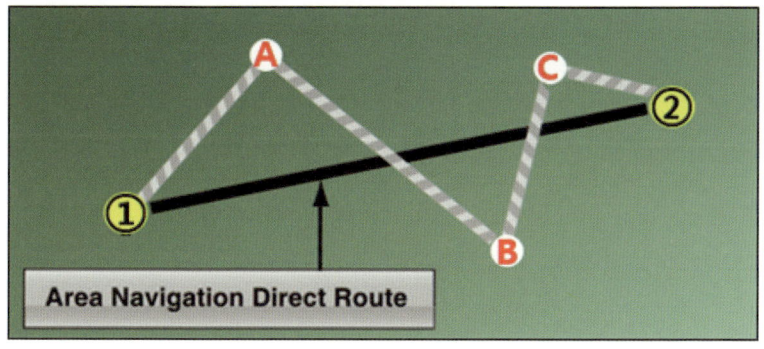

RNAV 경로 비행

①을 출발하여 ②로 갈 경우, 과거에는 지상항법시설 상공 A, B, C를 통과해야만 했으나, 항법장비 성능이 향상되고 위성항법체계를 활용함에 따라 이제는 ①에서 ②로 직접 비행할 수 있게 되었는데, 이를 RNAV라고 한다.

RNAV의 효과로는 비행거리를 줄여주기 때문에 시간과 연료를 절약할 수 있고, 항법장비의 신뢰도 증가로 인해 관제사에 대한 의존성을 감소할 수 있으며, 기존 하나의 항로에 추가하여 평행한 항로를 만듦으로써 항공 교통량을 더 증가시킬 수 있게 되었고, 지상 항법 시설의 수를 감소할 수 있게 되었다.

날씨가 나쁘면 비행기는 어떻게 착륙하나요 - 계기착륙장치

비가 오고 구름이 낮은 날씨, 또는 안개가 형성되어 앞이 잘 안 보이거나 야간에 활주로가 잘 보이지 않는 상황에서 정확히 활주로 가운데로 착륙할 수 있도록 도와주는 장치를 계기착륙장치ILS, Instrument Landing System라고 한다. ILS는 GNSS를 활용하지 않고, 지상의 비행경로 및 강하각을 지시해주는 장비를 활용한다.

ILS의 비행경로를 지시해주는 Localizer는 90Hz와 150Hz의 전파를 비행경로 좌우로 송신하고 비행기는 이를 수신하게 되는데, 두 개의 신호가 동일하면 계기 지침이 중앙을 지시하고 비행기는 활주로 연장선에 위치하게 된다. 만약 중앙에서 어느 한쪽으로 벗어나게 되면 벗어난 쪽 신호를 강하게 받기 때문에 그쪽에 위치한다는 것을 계기에 시현시켜 주고, 조종사는 중앙에 위치하도록 수정조작을 한다.

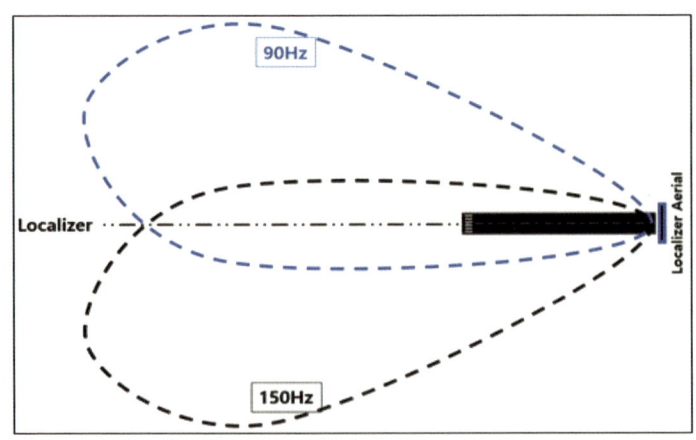

ILS의 Localizer 신호

ILS의 강하각을 지시해주는 GS Glide Slope 또한 90Hz와 150Hz 의 전파를 수직으로 송신하고 비행기는 이를 수신하며, 두 개의 신호가 동일하면 계기 지침이 중앙을 지시하고 비행기는 정상 강하각을 유지하게 된다. 어느 한쪽이 강하면 그쪽에 위치한다는 것을 계기상에 시현시켜 주며, 조종사는 정상 강하각이 되도록 수정조작을 한다.

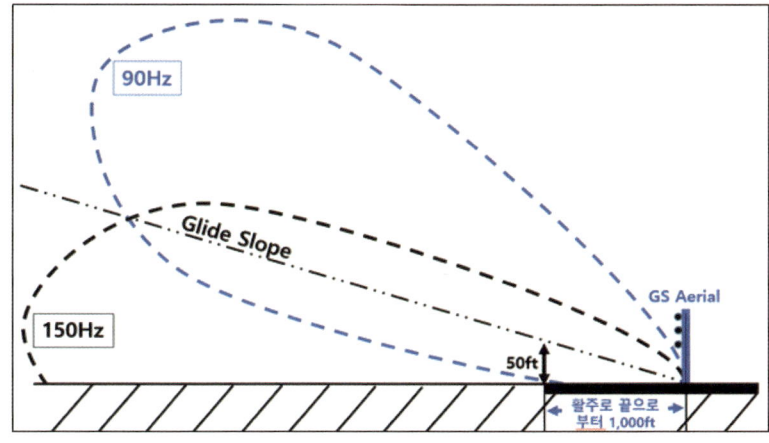

ILS의 Glide Slope 신호

계기접근 챠트에는 각 공항별, 각 활주로별로 지정된 ILS 주파수가 명시되어 있는데, 이는 인가된 활주로에 대해서만 계기접근 정보를 받도록 하여 다른 활주로와의 혼란을 방지한다. 지정된 ILS 주파수는 90Hz와 150Hz 주파수를 실어서 송신한다.

03. 하늘에서 발생하는 현상 이야기

하늘로 높이 올라가면 어떻게 달라지나요

대기를 구성하고 있는 기체 중의 78%는 질소Nitrogen, 21%는 산소Oxygen, 아르곤Argon 및 헬륨Helium과 같은 기타 기체들이 1%를 차지하고 있다. 산소의 대부분은 고도 35,000피트 이하에서 존재한다.

대기압 관련하여, 공기는 매우 가볍지만 무게Weight를 가지고 있다. 해수면Sea Level에서 표준대기조건일 경우 대기의 압력은 1기압인데, 고도가 상승할수록 공기밀도가 적어지므로 공기의 무게로 인한 대기압 또한 줄어들게 되며, 고도 18,000피트에서의 대기압은 해수면 대비 ½기압이 된다. 공기밀도의 감소는 비행기의 성능에 중대한 영향을 미치는데, 엔진으로 들어오는 공기의 밀도가 적기 때문에 엔진의 출력이 감소되고, 프로펠러에서 발생되는 추력 또한 감소된다. 그러면 여객기들은 왜 높은 고도로 비행하는지 의문이 생긴다. 고도가 높아지면 밀도가 적어짐으로써 엔진 출력이 감소하지만, 이러한 밀도 감소는 비행기에서 발생하는 총 항력Total Drag 또한 감소시키기 때문에 감소된 엔진의 출력으로도 순항속도를 유지할 수 있다. 아울러 계기속도IAS를 동일하게 유지할 경우 공기밀도가 적은 고고도에서는 저고도보다 더 빠르게 이동할 수 있기 때문에 고고도 비행이 효율적이다. 또한 고고도에서는 저고도에 비해 기상의 변화가 적기 때문에 여객기들은 고고도로 비행을 한다.

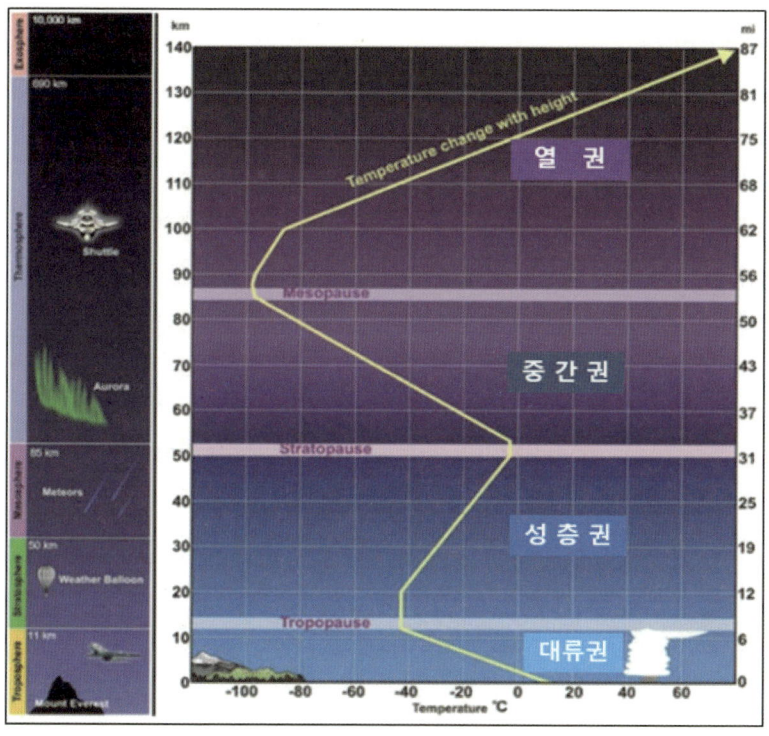

고도 상승에 따른 온도 변화

대류권Troposphere은 지표면에서 평균 약 11km 36,000ft까지이며, 대기 질량의 대부분을 차지한다. 대류권의 높이는 온도의 변화에 따라 변동이 있는데, 적도지방에서는 가장 높고 극지방으로 갈수록 낮아지며, 같은 위도일 때에는 여름철에 높고 겨울철에 낮다. 대류권에서는 기상현상의 대부분이 발생하며, 표준대기 기준, 고도가 1km 올라갈수록 6.5℃ 감소한다. 대류권계면은 대류권의 최상단이며 제트기류 및 청천난기류, 뇌우와 같은 기상현상이 나타나며, 대류권계면의 평균 고도는 적도에서는 약 18~20km, 극지방에서는 약 6km이다.

성층권Stratosphere은 대류권 바로 위에 존재하며, 고도 약 50km까지의 대기층이다. 대기를 조성하는 기체의 19%를 보유하고 있지만, 수증기는 거의 존재하지 않는다. 오존층이 존재하여 태양의 자외선으로부터 지구의 생명체를 보호한다. 성층권에서는 대류현상과 같은 특성이 나타나지 않으므로 일기 변화도 거의 없기 때문에 장거리 비행하는 여객기의 경우 성층권 하부에서 비행을 한다.

중간권Mesosphere은 성층권계면으로부터 약 85km 사이에 위치하며 산소분자를 포함한 기체는 점차 엷어진다.

열권Thermosphere은 중간권계면으로부터 고도 약 690km이며, 대기의 99.9%가 열권 아래 있으므로 열권의 공기는 매우 희박하다.

파란 하늘 비행기 뒤의 구름은 왜 생기나요 - 비행운

비행운Contrail은 비행기 뒤에 꼬리 모양으로 이어진 구름이다. 자세히 보면 엔진 후미에서 발생되는 것을 볼 수 있는데, 항공유의 성분인 탄화수소가 연소되면 이산화탄소와 물이 생성되고, 기화상태의 물은 엔진 외부로 배출됨에 따라 외부 공기가 낮을 경우 서로 붙어 응결하게 되는데, 이것이 높은 고도에서 비행기가 지나간 자리에 생기는 비행운이다. 비행운은 고도 8,000m 이상, 영하 38도 이하일 때 생성된다.

Boeing 747에서 생성되는 비행운 Contrail

전투비행대대에서 매일 조종사 전체가 참석한 가운데 브리핑을 실시하는데, 기상브리핑이 중요하다. 기상브리핑 시 반드시 포함되는 내용은 해수온도에 따른 생존시간과 비행운 발생 고도이다. 만약 피격되어 바다 상공에서 비상탈출 시 해수온도에 따른 생존시간은 매우 중요하다. 또한 예상되는 비행운 발생 고도는 그날의 대기조건에 따라 다르다. 중고도 이상의 전술을 사용할 경우 비행운으로 인해 나의 위치가 노출되기 때문에 조종사는 반드시 그날의 비행운 발생 고도를 알고 피해야만 한다.

FA-18 날개 윗면, 응축현상으로 형성된 비행운

날개 윗면에만 구름이 형성되는 위의 사진과 같은 현상은, AOA를 증가할 때 날개 윗면의 공기흐름 속도는 더욱 빨라지고 상대적으로 압력은 감소하게 되는데, 압력이 감소하면 온도가 내려가게 되며 이 과정에서 수증기가 응축됨으로써 나타나는 현상이다. 이렇게 날개 윗면에 일시적으로 형성되는 비행운은 습도가 높을 때 더 잘 발생하는데, 해상 저공비행을 많이 하는 함재기 FA-18에서 자주 관찰된다.

높이 올라가면 왜 더 빨리 가나요 - TAS True Air Speed

고도가 상승함에 따라 공기밀도는 감소되는데 이때 비행기에 적용하는 또 다른 속도인 TAS True Air Speed, 진대기 속도가 등장한다. 예를 들어 지상에서 단위시간에 100개의 공기를 만나야 계기속도 100을 유지한다면 이동거리도 100이 된다. 하지만 공기밀도가 1/2로 줄어든 고도에서 단위시간에 100개의 공기를 만나 계기속도 100을 유지한다면 실제 이동한 거리는 지상 대비 2배가 된다.

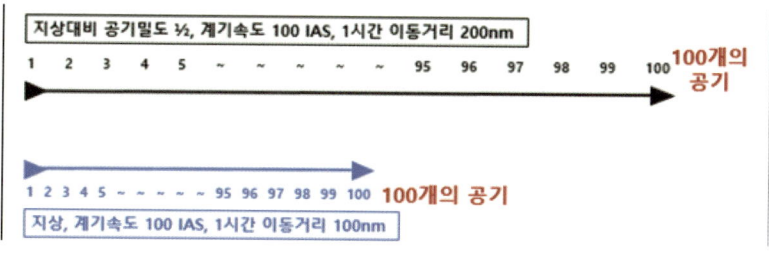

이렇듯 비행기 계기상의 속도는 동일하지만 고도 상승에 따른 밀도의 감소로 인해 실제 움직이는 속도는 증가하게 되는데 이것을 TAS진대기 속도라고 한다. TAS는 고도 1,000피트ft 상승 시 비행기 계기속도IAS의 2%가 증가한다. 즉, 10,000ft에서 100 IAS를 유지할 경우 TAS는 100 IAS의 20%가 증가되기 때문에 120 TAS가 된다. 계기속도 100 IAS를 유지할 경우 지상에서는 시간당 100nm을 갈 수 있는데, 10,000ft에서는 120nm을 갈 수가 있다.

안개와 구름은 어떻게 구분하나요 - 높이 51피트

수증기가 응결하여 작은 물방울이나 얼음 알갱이 상태로 공중에 떠 있는 것이 구름이라면, 지표면 가까이 깔려 있는 것은 안개라고 한다. 항공기상에서는 높이가 표면으로부터 51피트 미만일 경우에는 안개, 이상일 경우에는 구름이라고 한다. 안개와 구름은 목적지 공항에 계기접근하여 착륙할 때 활주로 확인을 위한 장애요인이 된다.

계기접근하여 착륙 시 안개는 활주로가 보이는 거리, 즉 시정과 연관이 있고, 구름은 활주로가 보이는 고도와 직접적인 관련이 있다.

CATEGORY			DA(DH)/ MDA(MDH)	A	B	C	D
Straight-in	CAT-I	FULL	242 (200)		RVR 550 m, VIS 800 m		
		ALS INOP			1 200 m		
	LOC	FULL	600 (558)		1 800 m		
		ALS INOP			2 500 m		

    위의 표는 김포공항의 정밀계기접근착륙을 위한 시정 및 고도의 제한사항을 예시로 제시하였다. 242는 피트로 표시된 고도이며, 계기고도 242피트 이상에서 활주로를 확인해야만 한다. RVR 550m는 조종사가 바라본 활주로 가시거리 Runway Visual Range 이며, 550m 이상에서 활주로를 확인해야만 한다.

    조종사는 계기접근 종류별로 제시된 고도와 거리에서 활주로 및 활주로 시각참조물이 보일 때만 착륙하고, 보이지 않으면 착륙하지 않고 다시 상승하는 절차를 수행해야만 한다.

04. 비행 이야기

(1) 비행기 조종 이야기

비행기는 지상에서 어떻게 움직이나요

지상활주Taxi는 이륙을 위해 주기장에서 활주로를 향해 이동, 또는 착륙 후 주기장으로 이동하는 것을 말한다.

지상활주 시에는 러더 패덜을 사용함으로써 Nosewheel Type은 앞바퀴를, Tailwheel Type은 뒷바퀴를 움직여 방향을 전환한다. 러더 패덜 사용 시 수직안정판의 러더 또한 움직이게 되는데, 지상활주 시에는 속도가 적어 항공역학적 러더 효과는 발생하지 않는다. 여객기의 경우 틸러Tiller라고 불리는 작은 손잡이를 돌려 앞바퀴를 움직이는데, 러더 패덜만을 사용할 때보다 효과적이다. 정지 시에는 러더 패덜의 윗부분을 밟아줌으로써 브레이크를 작동시키게 된다.

Boeing-777 지상활주 방향조종 장치인 Nosewheel Steering Tiller

지상활주 시 측풍이 불어올 경우 소형비행기의 경우는 측풍의 영향을 많이 받게 되는데 Weathervane 풍향계 현상 때문이다. 이 현상은 측풍 시 기수가 측풍이 불어오는 쪽풍상 쪽으로 틀어지는 현상으로, 비행기는 지상활주 중에는 풍상 쪽으로 이동하게 되고, 이륙 후에는 불어오는 반대풍하 쪽으로 흐르게 된다.

Weathervane   측풍 시 Weathervane 현상을 발생시키는 비행기 옆면

지상활주 중 바람에 의해 방향이 틀어지는 것을 방지하기 위해 풍상 쪽 에일러론이 Up되도록 조종간을 움직여 준다.

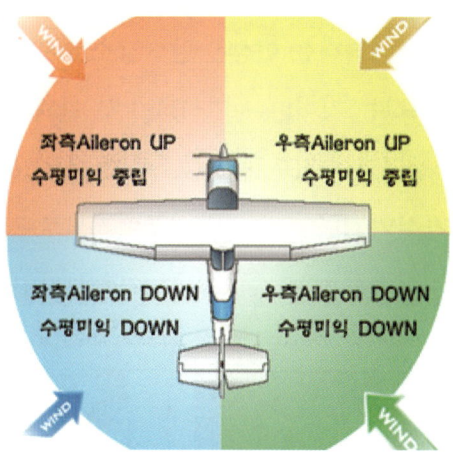

지상활주 시 바람 방향에 따른 조종면 위치

기초적인 비행기 조종 방법은 무엇인가요

이륙 후 공중에서 비행 시, 비행교육을 시작하는 훈련조종사에게는 자세비행이 중요하다. 이는 외부 시각참조물을 활용하여 비행자세를 유지하는 것이며, 이후 비행계기를 확인하고 활용하는 방법도 습득하게 된다.

비행기를 조종하는 기본으로, 조종간을 움직여 비행기가 움직이게 하는 초기조작을 수행하고, 이후 원하는 자세가 되면 이 자세를 지속 유지해야 한다. 예를 들어 상승할 경우 기수를 올리기 위해 조종간을 유연하게 당기는데, 원하는 상승자세가 되면 조종간을 중립으로 늦추어야 한다. 그렇지 않고 계속 당기고 있을 경우에는 기수가 계속 Up되기 때문이다. 에일러론을 움직여 경사를 주는 경우에도 동일하다.

비행기가 방향전환을 할 경우에는 에일러론을 움직여 경사Bank를 주어야 한다. 이때 나타나는 현상은 양력감소로 인해 기수가 Down되고 고도가 강하하는 것이다. 이는 Bank로 인해 중력의 반대방향으로 작용하는 양력의 수직분력이 감소하기 때문인데, 조종간을 당겨 AOA를 증가시키고 속도감소가 이루어지므로 Power를 증가시켜야 한다.

Bank 증가 시 양력 변화

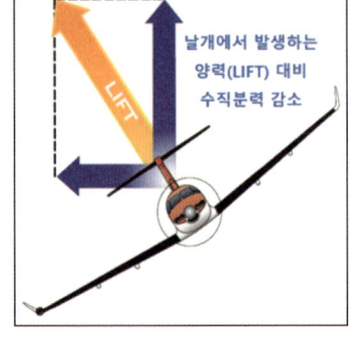
선회 시 양력 변화

점보기와 경비행기가 같은 조건에서 선회한다면 선회반경은

선회의 특징으로, 비행기 크기나 기종과는 무관하게 같은 속도와 같은 Bank경사각로 선회한다면 동일한 선회율과 선회반경을 가진다.

그렇지만 동일한 속도와 경사각을 지속 유지할 수 있느냐가 비행기 성능과 연관된 변수이다. 예를 들어 중력가속도의 7배인 7g로 선회할 경우 무게 20톤의 전투기는 140톤으로 증가하고 고도유지를 위해서는 약 82도의 Bank를 주고 선회해야 한다. 무게 증가로 인해 추가적인 양력이 필요하므로 AOA를 증가시켜야 하고, 이로 인해 속도감소가 동반되므로 Power를 증가시켜야 한다. 전투기의 경우 추력이 충분하기 때문에 고도 및 속도 유지가 가능하지만, 일반 비행기의 경우 구조적으로도 g 제한치를 초과하지만, 추력도 부족하여 고도 및 속도를 유지할 수 없게 된다.

일반적으로, 일정한 속도를 유지하면서 Bank를 감소하면 선회반경이 커지고, 일정한 Bank 유지한 상태에서 속도를 감소하면 선회반경은 작아진다.

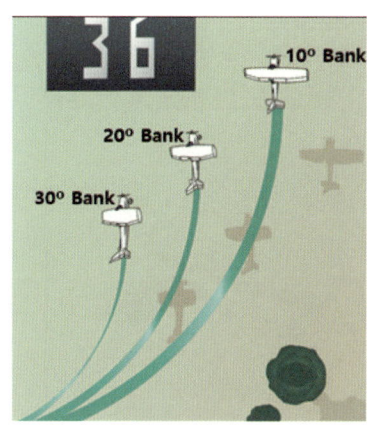
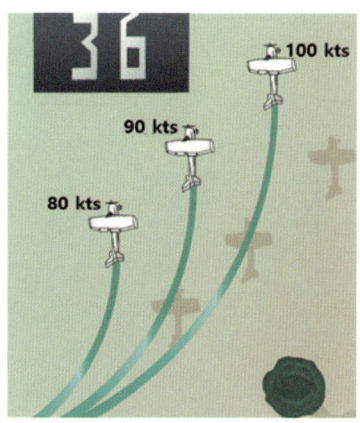

일정한 속도 유지 시   일정한 Bank 유지 시

비행할 때 발생되는 불안정한 조종특성은 무엇인가요

비행기의 불안정한 조종특성은 Adverse Yaw와 Tuck Under, 그리고 Deep Stall 등 여러 가지가 있다.

Adverse Yaw 현상은, 선회할 때 에일러론이 Down되면 양력이 증가하여 날개가 Up되면서 경사가 이루어져 선회를 하게 되는데, 에일러론 Down 시 양력 발생에 추가하여 항력유도항력 또한 발생된다. 추가되는 항력은 날개에 상대적으로 많은 저항을 발생시켜 에일러론이 Down된 쪽으로 Yawing이 발생되는데, 이것이 Adverse Yaw이다.

이런 현상은 저속에서 많이 발생하는데, 저속에 따른 조종면 효과 감소를 만회하기 위해 에일러론의 움직임을 더 크게 하기 때문이다. 이러한 Adverse Yaw 현상은 선회 시 선회방향 쪽 러더를 같이 사용함으로써 방지할 수 있다.

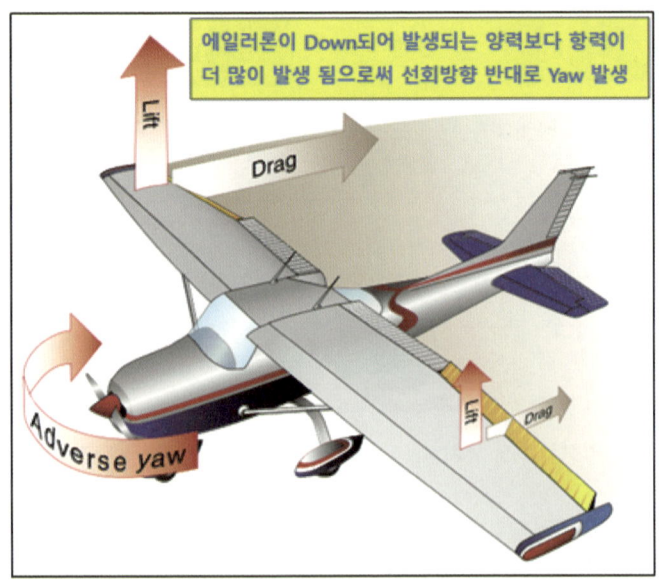

Adverse Yaw

F-4 Phantom

　급격한 조종면의 변화가 요구되는 전투기동 시 좌로 선회하면서 g-Force를 동시에 증가시킬 경우 조종간을 좌측 후방 쪽, 즉 대각선으로 당기게 되면 좌로 Bank가 증가하면서 동시에 g-Force가 증가된다. 하지만 F-4D 팬텀의 경우 조종간을 대각선으로 작동시키면 오히려 반대로 급격한 Bank와 Yawing이 증가하는데, 이것이 F-4D의 Adverse Yaw이며 회복하지 못하는 상황으로 발전되기도 한다. 이를 예방하기 위해 F-4D를 조종할 때에는 Bank를 먼저 증가시키고 나서 g-Force를 증가시켜야만 한다. 일단 g-Force가 유지된 상태에서의 Bank 변화는 에일러론이 아닌 Rudder로 하는데, Rudder 효과가 양호하기 때문에 전투기동에는 문제가 없다.

　Tuck Under 현상은 특정 속도 이상에서 조종간을 당겨도 비행기 기수가 올라오지 않는 현상을 말한다.

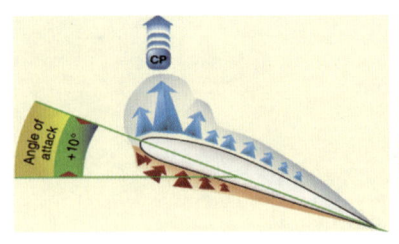 

높은 받음각 낮은 받음각

속도 증가 시 양력 증가로 Nose가 들려 고도가 올라가게 되는데, 고도 유지를 위해 Nose를 Down하면 상대풍과의 받음각이 감소하면서 에어포일의 압력중심CP은 뒤로 이동하게 된다. 비행기의 무게중심보다 압력중심이 뒤로 이동함에 따라 압력중심 앞쪽의 무게가 더 증가되기 때문에 조종간을 당겨도 Nose가 올라오지 않는 현상이 발생된다. 일반적인 회복조작은 속도를 감속시키는 것이다.

고등비행훈련과정 교관 재직 시 비행했던 T-33은 강하자세에서 제한속도 근처가 되면 Tuck Under가 발생되는데, Power를 줄이면서 Speed Brakes를 Out하면 Nose가 Up되면서 회복된다. T-33은 1990년대 중반까지 운영되었다.

한국공군에서 운영한 것과 같은 T-33 고등훈련기

Deep Stall은 T-Tail 비행기에서 실속 발생 시 수평미익의 효과가 감소되어 회복하기 어려운 심한 실속으로 발전되는 것을 말한다. 이는 주익의 실속으로 인해 주익을 통과한 난류가 수평미익으로 흐르면서 Elevator의 조타성을 상실하게 함으로써 발생되는 것이다. Pitch가 들린 상태로 강하가 진행되는데, 회복을 위해 조종간을 눌러도 Nose Down이 되지 않으므로, Deep Stall에 진입하지 않도록 유의해야 한다.

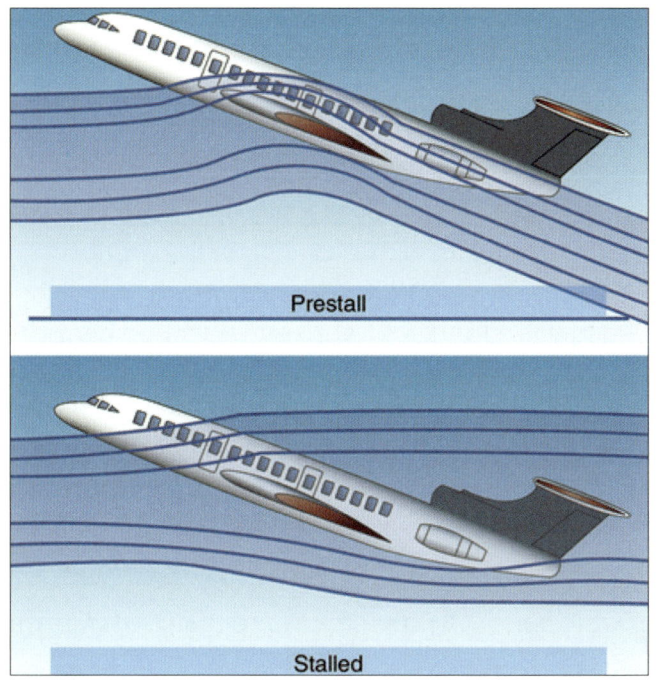

T-Tail 비행기의 Deep Stall

야간비행은 시각적으로 제한사항이 많을 것 같은데요

야간이란, 항공안전법 제54조항공기의 등불을 확인하면, 해가 진 뒤부터 해가 뜨기 전까지, 즉 일몰부터 일출까지로 정의하고 있다.

인간이 지각하는 신체기관의 지각비율은 시각이 75%, 청각 13%, 촉각 6%, 후각 및 미각이 각각 3%이다. 야간비행은 지각의 75%를 차지하는 시각이 충분치 못한 상황에서 비행을 실시해야만 한다.

시각을 인식하는 방식은 외부의 빛이 눈의 망막에 비추어지면 빛을 감지하는 간상세포와 색상을 감지하는 원추세포가 빛 에너지를 전기적 자극으로 전환하여 뇌로 전달하고, 뇌에서는 전기적 신호를 해독하여 이미지를 형성하게 된다. 맹점Blind Spot은 시신경이 안구로 들어가는 부위로써 간상 및 원추세포가 없는데, 초점이 여기에 맺혔다면 사물을 볼 수가 없다.

빛을 감지하는 간상세포는 원추세포보다 약 10,000배 빛에 더 민감하고, 원추세포는 초점이 맺히는 부위에 집중된 반면 간상세포는 망막에 넓게 분포되어 있어 간상세포가 야간에 주요한 감각기 역할을 한다. 이러한 간상세포를 활용하여 야간에 물체를 명확히 보려면, 물체의 중심으로부터 5도에서 10도 정도 벗어난 곳을 바라보는 방식인 주변시로 보아야 한다. 만약 광원을 직시한다면, 광원이 어두워진다든지, 아예 사라지는 현상을 목격하게 될 것이다.

주간 시각인지　　　　　　　야간 시각인지

간상세포는 어두운데 적응하는 암순응에 30분 정도 소요되므로, 야간비행 전 선글라스 착용이나 밝은 곳을 피하는 것이 필요하다.

야간비행 시 비행계기판의 밝기는 외부의 밝기에 따라 조절하는데, 여명이 남아있거나 도심 상공에서 같이 외부가 밝을 때는 밝게 하고, 외부가 어두우면 계기판독이 가능할 정도로 어둡게 해야만이 착륙을 위한 활주로 확인이 용이하게 된다.

야간착륙은 시각참조물이 충분치 않기 때문에 접지자세를 유지하여 부드럽게 착륙하기가 쉽지 않다. 만약 높은 고도에서 착륙자세를 만들었다면 접지 시에는 Hard Landing낙착이 될 수 있는데, Landing Lights가 활주로를 비춰 활주로 확인이 확실히 가능한 후에 착륙자세로 전환하는 것이 추천된다.

(2) 음속돌파 이야기

비행기 속도가 증가될 때 공기는 어떠한 특성을 가지나요

공기는 흐르는 유체Fluid이며, 압력의 변화에 따라 밀도 변화가

발생하는 압축성 유체로써 대부분의 기체가 이에 포함된다. 액체는 압력을 가했을 때 밀도 변화가 거의 없는 유체로써 대부분의 액체가 비압축성 유체이다.

공기는 압축성 유체이지만, 일반적으로 공기흐름이 100m/s 200kts 이하로 흐르면 밀도의 변화는 5% 이하로 발생하게 되는데 이러한 미미한 변화는 무시함으로써 비압축성 흐름이라 하고, 이때의 공기 밀도는 일정하다고 간주한다. 하지만 공기흐름의 속도가 빨라져 밀도 변화를 무시할 수 없는 100m/s 200kts 이상의 공기흐름을 압축성 흐름이라고 하며, 이처럼 공기흐름의 속도가 빨라지면서 발생하는 압축성 효과는 충격파 Shock Wave 를 만들어내는 등 비행기에 공기역학적인 영향을 끼치게 된다.

음속돌파 할 때 충격파와 소닉 붐은 왜 생기는 건가요

우리가 듣는 소리는 공기의 압축성으로 인한 미세한 밀도의 변화를 인지하는 것으로, 물체가 움직일 때 물체 주위의 공기흐름이 변하고, 이는 음속의 속력으로 모든 방향으로 전파된다.

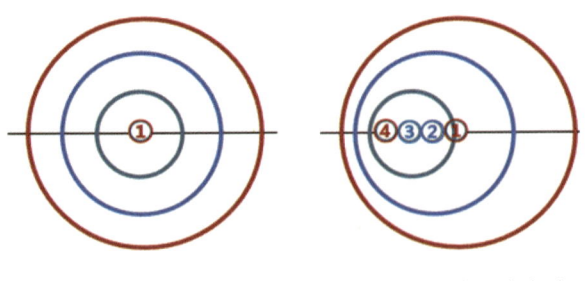

정지된 물체의 음파 이동   좌로 이동 시 음파의 이동

예를 들어 소방차가 정지한 상태에서 경보음을 울리면 이전 페이지 좌측 그림과 같이 음파는 동심원을 그리며 퍼져나가는데, 같은 속도로 퍼져나가기 때문에 지속적으로 발생되는 동심원의 음파는 서로 만나지 않는다. 만약 소방차가 이동하면서 경보음을 울리듯, 우측 그림과 같이 음속 이하로 이동하는 물체의 경우에도 음파는 만나지 않는다. 물체가 음속 이하로 이동하기 때문에 물체가 ④번에 갔을 때 ①번 위치에서 발생한 음파는 이미 앞으로 전진해 있는 상태이므로, 물체가 움직이며 발생된 음파들은 서로 만나지 않게 된다. 물체는 음속 이하로 이동하고, 음파는 음속으로 이동하기 때문이다. 이렇듯 음파의 진행 속도보다 물체의 속도가 늦기 때문에 음파는 물체 주위에만 있게 되고 서로 만나지 않게 된다.

하지만 물체가 음속 이상으로 이동 시에는 음파보다 빠르기 때문에 압축성 효과로 인한 충격파 Shock Wave 가 만들어지게 된다.

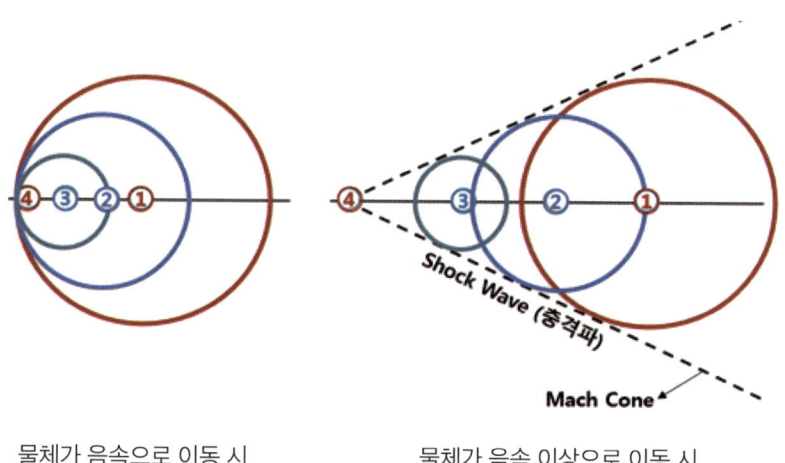

물체가 음속으로 이동 시   물체가 음속 이상으로 이동 시

이전 페이지 좌측 그림과 같이 물체가 음속으로 이동 시, 이동하면서 발생한 음파와 같은 속도로 물체가 이동하기 때문에 ④번과 같이 물체 앞에 음파들이 모이게 된다. 즉 이전에 생성된 음파들이 ④번에 도착 시 물체도 도착하므로, 이전에 생성된 음파들이 물체 앞에 압축되는 현상이 발생된다.

이전 페이지 우측 그림과 같이 물체가 음속보다 빠르게 이동하게 되면 물체는 음파보다 항상 앞서 있게 된다. 방금 전에 생성된 음파가 도착하기 전에 또다시 앞으로 이동하며 또 다른 음파를 생성하는 현상이 계속 반복되는 것이다. 지금 생성된 음파는 아직 시간이 덜 경과된 상태이기에 확산이 덜 된 상태이므로 원이 작고, 시간이 경과한 음파는 원이 커진다. 이러한 경우 음속 이상으로 진행하는 비행체를 꼭지점으로, 지금 생성된 음파부터 시간이 경과한 음파까지 하나의 원뿔 모양의 파를 만드는데, 이를 마하 파Mach Wave라고 하고, 원뿔을 마하 콘Mach Cone이라고 한다.

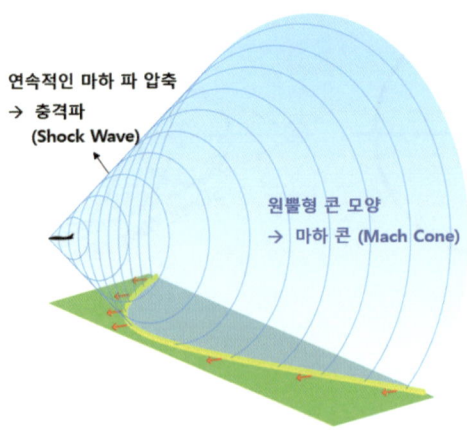

마하 콘Mach Cone과 충격파Shock Wave

물체가 음속 이상으로 진행하면서 이러한 마하 파들은 연속적으로 모여 압축이 되고, 이로 인해 압력차가 크고 폭은 좁은 띠인 압축파가 만들어지는데, 이를 충격파Shock Wave라고 한다. 이러한 충격파는 소닉 붐Sonic Boom, 음속폭음이라는 폭발음을 만드는데, 압력이 급격히 증가했다가 급격히 감소하여 다시 원래의 압력으로 돌아오는 과정에서 발생된다. 이러한 충격파의 영향으로 소닉 붐에 추가하여, 조파항력과 공력가열 현상이 나타난다.

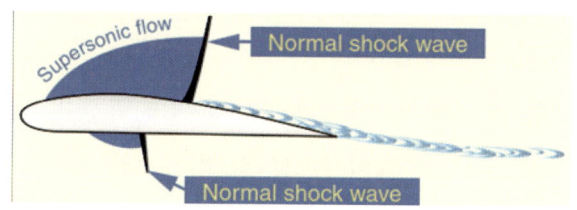

임계 마하수 이상으로 비행 시 날개에 형성된 수직 충격파 예시

날개의 경우, 비행기가 임계 마하수를 초과하면 비행기 속도는 음속 이하이지만 날개를 통과하는 공기흐름은 음속을 초과하기 때문에 수직 충격파Normal Shock Wave가 발생된다. 수직 충격파 후방의 공기흐름 속도는 아음속으로 느려지고 질량보존법칙에 따라 압력이 증가됨으로써 속도 에너지 일부가 열로 전환되는데, 이것이 항력을 증가시키는 요인이 되며 조파항력이라고 한다.

조파항력Wave Drag은 결과적으로 공기흐름의 박리Separation를 유발하여 양력이 감소되고, 이러한 박리로 인해 난류turbulent wake가 생성되어 꼬리날개에 떨림Buffet 현상을 발생시킨다. 종합하면, 수직 충격파로 인해 비행기에는 떨림과 트림 및 안정성 변화, 조종효과의 감소 현상이 나타나게 된다.

조파항력은 공기의 압축성 효과로 발생한 충격파에 의한 항력으로, 조파항력을 감소시키기 위해서는 비행체의 앞부분을 뾰족하게 하고 두께는 가능한 얇게 해야 한다.

공력가열Aerodynamic Heating은 비행체 표면이 공기의 마찰과 압축으로 가열되는 현상이며, 비행체의 속도가 빠를수록 공력가열이 증가하므로 초음속 여객기 및 우주왕복선 등을 설계할 때 반드시 고려되어야 한다. 지금은 운항하지 않는 콩코드의 경우, 초음속 비행 시 표면 온도가 100℃ 이상 올라가게 되며 열팽창으로 인해 총 길이가 10~20cm 정도 늘어나므로, 표면 금속판 이음새를 팽창에 대비해 다소 여유 있게 만들었다.

소닉 붐은 충격파로 인해 압력이 급격히 증가했다가 통과 후 원래의 압력으로 돌아오는 과정에서 발생된다. 비행기의 각 부분에서 발생되는 충격파들은 비행기에서 멀어짐에 따라 일부는 합쳐지게 되는데, 지상에서 들을 수 있는 쿵 쿵- 하는 두 번의 연속된 폭음은 주익과 미익에서 형성된 소닉 붐이다. 고도가 낮은 곳에서의 소닉 붐은 유리창이 깨지는 등 건물에도 손상을 준다. 고도가 높을 경우 주익과 미익의 충격파는 하나로 합쳐질 수도 있으며, 충격파가 약해져 소닉 붐이 들리지 않을 수도 있다.

기능점검 비행 시 경험한 음속돌파 비행현상

우리가 개발하여 운용 중인 KT-1, T-50 / FA-50, KF-21 등은 개

발 초기 비행기의 기능과 성능을 점검하기 위해 많은 비행을 실시하는데, 이를 시험비행 Test Flight 이라고 하며 공군에서의 임무부호는 X-1이다. 전투기의 경우 일정 기간 비행하면 창 정비를 하는데 동체와 날개, 엔진, 무장 및 전자장비 등 모두 분해하여 점검 및 수리 후 재장착한 다음 비행하면서 기능과 성능을 점검한다. 임무부호는 X-2이고 기능을 점검하는 비행 Function Check Flight 이다. X-3는 비행단 자체에서 수행하는 정비 후 실시하는 기능점검비행이다.

우리나라가 개발한 KF-21 시험비행 모습

X-2 및 X-3 기능점검비행을 위해서는 바다 상공, 고도 45,000ft로 상승한 상태에서 기능점검을 시작하는데 그중 하나가 음속돌파이다. 일반적으로 임계 마하수 이상이 되면 날개에서 형성되는 수직 충격파에 의해 조종효과가 감소 Decrease in Control Force Effectiveness 한다라고 관련 서적들에는 명시되어 있는데, 경험했던 이러한 상황에 대해 좀 더 구체적으로 언급하려 한다.

음속돌파 시 After Burner 후연소기, 출력 증가장치를 작동시켜 증속을 하는데, 속도계가 음속을 지나고 나서 경험했던 비행현상은 느린 반응 Sluggish Response 이다. 비행 관련하여 이러한 현상을 구체적으로 언급한 것이 없어서 여기서는 이렇게 표현하겠다. 이 현상은 조종간 움직임에 대한 반응이 음속 이하 때와 같이 바로 나타나지 않고 조금 늦게, 그리고 반응하는 속도 또한 조금 느리게 나타나는 현상이다.

이러한 느린 반응은 날개 윗면에 형성된 수직 충격파로 인해 조파항력이 발생되고, 이로 인해 공기흐름의 박리로 인한 양력이 감소되어 나타나는 조종효과의 감소현상이다.

음속돌파 시 경험했던 또 하나의 현상은 날개 끝에 있는 공대공 미사일 장착대 Launcher Rail 에 보였던 띠 형태의 연한 그림자 모양이다. 음속 이상으로 증속 시에는 띠 형태의 그림자 모양이 뒤로 이동하고, 감속 시에는 앞으로 이동한 후 사라진다. 음속 이상으로 진행 시 충격파의 높은 압력으로 인해 통과하는 빛이 띠 형태의 연한 그림자 모양으로 보이는 것으로 생각된다.

FA-50 날개 끝 공대공 미사일 장착대 Launcher Rail

최초의 음속돌파는 언제 이루어졌나요

1947년 10월 14일, 척 예거는 실험기 X-1으로 세계 최초로 수평 비행 상태에서 마하 1을 돌파했다. X-1이 초속 340m를 돌파한 바로 그 순간부터 인류는 소리의 벽을 넘어서기 시작했다.

실험기 X-1

척 예거

X-1은 로켓 엔진을 장착하여 음속을 돌파하였는데, 당시 기술로는 마하 1을 돌파하기 위한 터빈 엔진의 기술력이 부족하였기 때문이다.

F-86F

KF-21

이후 F-86 전투기는 강하하면서 음속을 돌파하였고, 이제는 추력 대 중량비가 높은 KF-21, F-22 등 현대의 전투기들은 수직 상승하면서 음속을 돌파할 수 있게 되었다.

(3) 전투기 비행 이야기

전투기는 통상 2대 이상이 편대를 이루어 비행을 한다. 편대의 리더#1는 임무 성공 및 요기에 대한 모든 책임이 있고, 요기#2는 리더인 #1을 믿고 따르는 의무와 책임이 있다.

편대대형의 기본으로 날개와 날개 사이는 3ft 분리하고, 리더의 헬멧과 Launcher Rail 앞부분 연장선에 위치하며, 기고는 약간 낮추어 리더의 Launcher Rail이 동체 중간 정도에 오도록 한다. 짙은 구름 속에 진입하게 되면 리더가 안 보일 수도 있기 때문에, 요기는 대형을 더 좁힌다. 날개와 날개 사이는 3ft보다 더 좁히고 뒤로 약간 처져 Launcher Rail 뒷부분과 리더의 헬멧, 또는 Formation Light를 참조하여 대형을 유지한다. 이 과정에서 요기가 있는 쪽의 리더의 날개가 들리는 현상이 발생하기도 하는데, 이는 요기의 날개가 리더의 Wingtip Vortex를 감소시키는 역할을 하여 Ground Effect와 같은 효과를 발생시키기 때문이다.

전투기동 시 중력가속도 g를 증가할 경우 몸에 나타나는 현상은 다양하다. 우선 몸무게의 증가인데, 중력가속도의 7배인 7g로 기동할 경우 몸무게 70kg은 490kg이 된다. 머리 또는 팔 등을 움직이기가 쉽지 않으며, 전투기동 시 뒤에 있는 가상적기를 확인하는 과정에서 목을 다치는 경우가 많다.

또 하나의 현상은 피가 다리 쪽으로 쏠려 머리로 혈액공급이 원활하지 않아 발생되는 Black Out 현상으로, 심할 경우 의식상실로 이어지므로 위험하다. g-Suit를 착용함으로써 이러한 현상을 다소 막아주지만, Black Out을 방지하기 위한 가장 효과적인 것은 g를 증가시킬 때 호흡을 들이킨 후 멈춘 상태에서 아랫배에 힘을 주어 피가 밑으로 쏠리는 것을 최소한으로 하면서 기동을 하는 것인데, High-g로 기동하는 동안 이 자세를 계속 유지해야 하므로 쉽지가 않다. 이 과정에서 실핏줄이 터져 피부가 빨갛게 되었다가 하루 이틀 후 회복되기도 한다. 공군 조종사들은 항공우주의료원에서 중력가속도 훈련을 정기적으로 실시하고, 평소에도 체력단련을 지속적으로 하여 High-g를 극복하려고 노력하고 있다.

중력가속도 g 증가는 전투기의 무게 또한 증가시킨다. 7g로 기동할 경우 20톤의 전투기는 140톤이 되며, AOA를 증가함으로써 140톤으로 증가된 무게를 유지할 양력이 생성된다. 전투기는 AOA 증가뿐 아니라 기동을 위한 플랩 Maneuver Flap / Auto Flap 을 사용하여 추가적인 양력을 생성함으로써 전투기동 성능을 향상시킬 수 있다.

F-16 Leading Edge Flap 및 Flaperon

전투기의 실속현상으로, 플랩을 사용하더라도 전투기동 중 g를 증가함에 따라 Stall이 발생되는데, 초기 Stall 현상은 버블Bubble, 이후 버펫Buffet, 윙 드랍Wing Drop, 언콘트롤Uncontrolled로 이어진다. 버블은 g를 증가함에 따른 날개 위를 흐르는 공기의 박리현상이 나타나는 초기로써 약간의 미세한 떨림만 있으며 에너지 손실은 별로 없다. 버펫은 g를 더 증가할 경우 버블보다는 다소 심하게 떨리는 현상으로 속도의 손실 등이 발생되기 시작하지만 조종 가능한 상태가 유지된다. 윙 드랍은 g 증가에 따른 AOA가 증가됨에 따라 어느 한쪽 날개에 실속이 발생되어 그쪽으로 급격히 경사지는 현상이다. 순간적으로 조종불능상태가 되며 속도 및 고도 손실을 초래한다. 언콘트롤은 실속으로 인해 조종이 안 되는 상황으로, 전투기동 시 윙 드랍 이후 바로 언콘트롤로 발전될 수 있다. 언콘트롤은 g-Force를 증가함에 따른 실속으로 인해 발생되므로 g-Force를 감소시킴으로써 회복할 수 있다. 하지만 적기와 전투기동 중 g-Force를 감소한다는 것은 나의 생명 또한 단축된다는 것을 의미할 수도 있기 때문에 유의해야 한다.

    기능점검비행을 위해 45,000ft 올라갔을 때 보았던 하늘은, 지상에서 보던 하늘보다 어둡게 보였다. 45,000ft는 성층권으로, 대기를 조성하는 기체의 19%만 있으며 수증기는 거의 존재하지 않는다. 그래서 태양의 빛을 산란시켜 줄 기체가 적기 때문에 다소 어둡게 보이며, 우주에서 어둡게 보이는 것과 같은 원리이다.

전투기 조종사들이 입는 g-Suit는 어떻게 작동하나요

전투기 조종사들은 g-Force를 증가할 때 피가 아래로 쏠려 머리로 혈액공급이 원활하지 않아 발생되는 Black Out 현상을 감소시키기 위해 Anti g-Suit를 착용하고 비행한다.

탑승 시 g-Suit에 있는 공기압력 자동유입구를 기체에 연결하고 비행을 하는데 기종별 차이는 있으나, g-Force가 약 1.75g-Force 이상으로 증가되면 작동하기 시작한다. 엔진 압축기에서 압축된 P3 Air를 활용하여 배와 허벅지, 종아리 부위에 공기를 주입시킴으로써 피가 밑으로 쏠리는 것을 다소 막아주며, 약 1g-Force 정도를 감소시켜 주는 역할을 한다. 1g-Force 효과라고 과소평가하면 안 된다. 1g-Force에 의해 생사가 갈릴 수도 있기 때문이다.

기동 중 부풀어 오른 g-Suit로 인해 종아리와 허벅지는 짓눌림으로 인한 통증이 있으며, 배 부위는 복부에 힘을 주고 있어야만이 호흡이 가능해진다. g-Force가 감소하면 주입된 공기는 자동으로 빠져나가게 된다.

Anti g-Suit 착용 모습

(4) 동그란 무지개를 보셨나요

무지개는 어떻게 만들어지나요

무지개는 비가 온 다음이나 비가 오기 전에 태양을 등지고 섰을 때 볼 수 있는 여러 종류의 색깔이 곡선 모양으로 보이는 띠이다.

무지개는 햇빛이 물방울 입자 안에서 굴절과 반사가 일어날 때 나타나는 현상으로, 빛이 파장별로 굴절되면서 파장이 분리되어 안구에 포착되기 때문에 색깔이 분산되어 보인다.

1차 무지개는 물방울 안에서 반사가 1회만 일어나며, 호상 각반경이 40~42°이다. 이 때문에 파장이 길어 굴절률이 낮은 빨간색은 가장 바깥쪽에, 반대로 파장이 짧아 굴절률이 높은 보라색은 가장 안쪽에 위치한다.

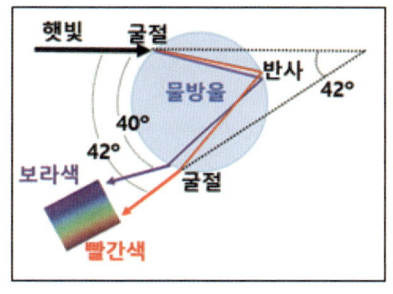 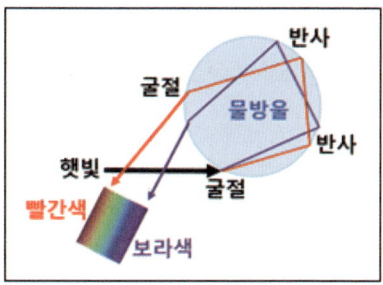

1차 무지개의 형성　　　　　2차 무지개의 형성

쌍무지개라고 하는 2차 무지개는 물방울 안에서 반사가 2회 일어나며, 호상 각반경은 50~53°이고, 1차 무지개의 위쪽에 나타난다. 1차 무지개에 비해 색이 선명하지 않고 색층이 역전되어 안쪽이 빨간색, 제일 바깥쪽이 보라색이다.

1차 무지개 위에 있는 2차 무지개, 색의 배열이 반대이다.

무지개가 반원 형태로 나타나는 이유는, 무지개는 공기 중의 물방울에 의해 태양빛이 굴절되면서 빛이 분산되어 나타나는 현상으로 원래는 원형인데 땅에서는 지표면에 가려지는 부분이 있어 반원으로 보이게 된다. 무지개는 보는 사람의 눈을 꼭지점으로 하는 중심선을 기준으로 좌측으로 40°, 우측으로 40°가량인 원뿔 모양인데, 관찰자가 땅에 있는 경우에는 지표면에 의해 가려지는 부분이 있어 무지개가 반원형 모양으로 보이고, 하늘에서는 가려지는 부분이 없어 원형 모양으로 보이게 된다.

동그란 무지개를 보셨나요

하늘에서의 무지개는 태양의 반대편 구름 위에 동그란 모양으로 나타나는데, 가운데 어두운 그림자는 내가 비행하는 비행기이다. 지상에서는 지표면에 가려져 반절만 보이지만, 공중에서는 원형으로 보이게 되고, 색깔은 지상에서만큼 선명하지 않기 때문에 일부 사진은 식별을 용이하게 하기 위해 약간의 수정을 하였다. 대부분의 사진은 저자가 촬영하였다.

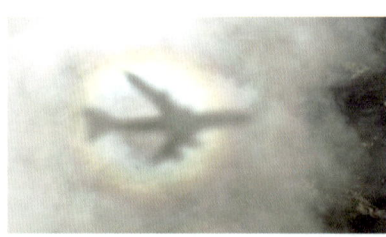 

여객기에서 바라본 무지개   세스나 C-172에서 촬영

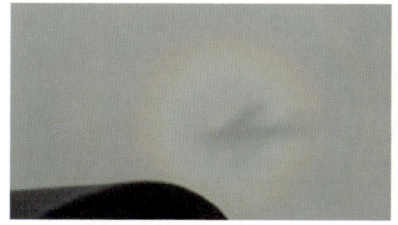 

세스나 C-172에서 촬영

세스나 C-525에서 촬영

 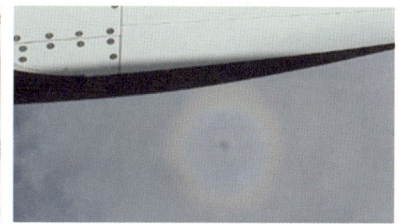

King Air 350에서 촬영

(5) 비행안전 이야기

비행안전을 위한 노력 - 항공의사결정과 승무원 자원관리

마魔의 11분Critical 11 minutes, CEM 이라는 표현이 있다. 전체 사고

의 72.8%는 이륙단계 3분과 강하 및 접근과 착륙단계인 8분 사이에 발생된다는 것이다.

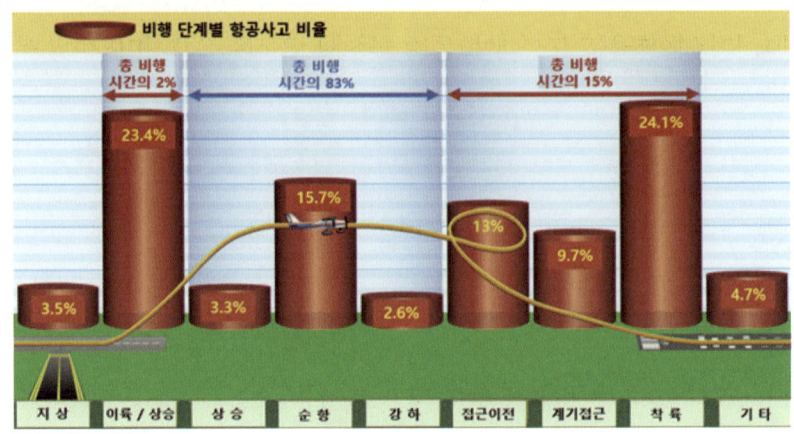

비행 단계별 항공사고 비율

그러면 비행할 때 안전에 위협이 되는 요인은 어떠한 것들이 있을까? 우선은 기상이 제일 큰 위협이고, 다음은 비행 중 항공기 결함이나 조류충돌, 그리고 인적요소Human Factors를 꼽을 수 있다.

비행기의 신뢰도는 향상되고 기계적 결함은 감소되는데, 상대적으로 인적요소에 의한 사고율은 증가되고 있으며, 항공사고의 약 80%는 인적요소와 연관되어 있다. 영화 허드슨 강의 기적에서 끝부분에 기장이 반드시 고려되어야 할 변수로 얘기하는 것이 바로 인적요소이다. 인적요소는 인간이기에 고려되어야 할 사항이고, 또한 교육훈련을 통해 극복해야 할 대상이다.

항공의사결정Aeronautical Decision Making, ADM은 상황변화 시 최선의 선택을 하는 데 도움을 주는 체계적인 접근방법이다. ADM 향상에 기반을 둔 교육 프로그램 개발 및 승무원 간의 자원관리 Crew Resource Management, CRM 훈련을 시행함으로써, 상황발생 시 바람직한 의사결정 ADM을 하도록 유도하고, 이를 통해 안전한 운항과 사고방지에 기여할 수 있다.

승무원 자원관리 CRM는 의사소통과 상호협력을 통해 안전하게 운항할 수 있는 능력을 향상시키는 것으로, CRM을 위한 5가지 중요한 요소는 의사소통, 조종사 간의 협동, 계획 및 업무분담, 상황인식, 의사결정이다. 의사소통 Communication은 CRM 요소 중 제일 중요한 것으로, 메시지가 수신자에게 정확히 전달되고 이해되어야 하는 것이다. 운항사고의 약 70%는 정보전달이 제대로 되지 않아 발생된 것으로, 관제사와 조종사 또는 조종사 간의 의사소통 실수가 주요 원인이었다. 조종사 간의 협동 Coordination은 상호 조화롭고 유기적인 활용으로 시너지를 창출하는 것이다. 계획 및 업무분담 Plan & Workload은 비행을 안전하고 효율적으로 수행하기 위해 비행업무를 적절히 배분하는 것이다. 상황인식 Situation Awareness은 운항에 관련된 정보를 공유하는 과정으로 ADM과 상황해결을 위한 행동의 기초가 된다. 의사결정 Decision Making은 비행지식과 기량을 기반으로, 상황변화에 대한 올바른 인식과 조종사 간의 소통을 통해 최선의 의사결정을 도출해내는 것이다.

비행하는 동안 위험요소을 인지하고, 관리하며, 효과적인 의사결정을 위해 조종사들은 항공의사결정 ADM과 승무원 자원관리 CRM 기량을 향상시키도록 노력하고 있다.

조류충돌은 왜 위험한가요 - 허드슨 강의 기적

2009년 1월 15일, 승객과 승무원 155명을 태우고 미국 라과디아 공항을 출발하여 샬롯으로 가는 US 에어웨이스 1549편이 이륙 직후 양쪽 엔진 모두 버드 스트라이크Bird Strike가 일어나 엔진에 불이 붙으면서 센트럴 파크 인근에 위치해 있는 허드슨 강에 불시착한 사고가 발생되었다. 하지만 탑승자 전원 생존하면서, 조종사는 지식과 경험으로 모두의 생명을 구한 영웅이 되었고, 영화로도 제작되었다.

조류충돌Bird Strike은 운항 중인 비행기에 조류가 충돌하는 것으로 인명피해로 이어질 수 있는 위험한 사고이다.

AN-124, 착륙 후 Reverse Thrust 사용 중 엔진으로 조류 흡입

조류충돌의 위험성은 충돌할 때의 힘으로 인한 결과인데, 충돌에너지 = 1/2(중량 × 상대속도^2) 공식을 적용하면, 900g의 새가 400kts의 비행기와 충돌할 때의 힘은 약 30t으로 조종실 유리나 기체 등에 커다란 손상을 입힐 수 있으며, 터빈 엔진 공기 흡입구로 빨려들어 갈 경우 Fan Blade 손상은 물론, 엔진 내부의 압축기와 연

소실, 터빈 블레이드 등에 치명적 영향을 주게 되어 엔진 작동을 멈추게 한다.

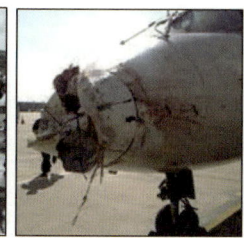

버드 스트라이크의 흔적

비행기의 크기가 커지고, 엔진 소음이 심하지만 버드 스트라이크가 줄지 않는 이유로는, 조류는 접근하는 물체의 크기와 속도에 상관없이 일정 거리 이내에 접근해야만 피하는 습성이 있기 때문인데, 약 30m 정도에서 반응을 보인다고 한다. 이러한 행동의 이유는, 새는 비행 중 천적으로부터 회피를 위해 급격한 방향전환을 할 경우 많은 에너지를 소모하게 되는데, 자신을 공격할 것인지를 모르는 상태에서 미리 도망치는 것은 에너지 측면에서 손실이 크기 때문이다. 새들이 자신들보다 훨씬 빠른 비행기를 상대로도 똑같은 반응을 보이기 때문에 피하지 못하고 버드 스트라이크가 일어난다. 30m는 여객기가 이륙 및 상승하는 초기단계의 속도인 300km/h로 계산하면 단 0.36초만에 도달할 수 있는 거리이기에 새들은 회피하지 못하고 비행기와 충돌하게 된다.

비행 중 조류를 회피하는 방법으로 만약 조류의 활동을 미리 확인했다면, 새의 특성상 자신보다 큰 물체가 오면 아래로 내려가는 습성이 있으므로 기수를 올려 상승하는 방법이 있다.

지상에서 조류충돌을 방지하는 방법으로 공군의 비행장이나 민간 공항의 경우 조류퇴치팀BAT, Bird Alert Team을 운영하고 있다. 조류퇴치를 위해 산탄총을 사용하는데, 이는 살상용 산탄을 발사하는 것이 아니고 소리로 새를 퇴치하기 위한 폭음탄을 발사하여 새가 활동하는 공중에서 터지도록 한다. 또한 조류활동이 빈번한 곳에 LPG 가스를 활용한 폭음기를 설치하여 압축된 가스가 점화될 때 발생하는 폭음으로 조류를 퇴치한다. 조류음향경보기는 여러 가지의 조류가 혐오하는 음향을 발생시킴으로써 조류의 접근을 방지한다.

조류 퇴치 폭음기 및 음향경보기

추가하여 이륙 및 착륙 시 버드 스트라이크를 유발하는 활주로 인근의 새를 쫓아내기 위하여 비행장에서 송골매와 같은 맹금류를 사육하는 경우도 있다. 아울러 외국 일부에서는 맹금류의 조류퇴치 훈련을 위해 소형 UAV를 활용하기도 한다.

제7장

항공 관련 이야기

01. 인공강우 이야기

(1) 동해로 흘러가는 구름을 잡아라 - 인공강우

인공강우人工降雨는 인공적으로 비를 내리게 하는 것을 말한다. 이를 통해 산불 예방, 가뭄 및 미세먼지 대응에 기여할 수 있다.

항공 실험과 지상 실험

인공강우는 구름 속에 빙정핵이나 응결핵 역할을 하는 구름씨를 뿌려 인공적으로 비를 증가시키는 것이다. 빙정핵은 수증기가 빙정이 되는데 중심이 되는 고체 입자로써 요오드화은AgI이나 드라이아이스를 활용한다. 응결핵은 수증기가 물방울로 응결하는 데 도와주는 부유 입자로써 염화나트륨NaCl이나 염화칼슘CaCl2을 사용한다.

인공강우 실험

인공강우를 하면 맑은 날 비가 내리도록 하는 것이라고 생각할 수 있는데, 이것은 불가능하다. 단지 비가 내릴 가능성이 있는 구름에 구름씨를 뿌려 비가 내리게 하든지, 약하게 내리는 비를 좀 더 강하게 내리도록 할 수가 있다. 인공강우는 기상조절 기술 중 하나이며, 기상청에서는 인공증우, 인공증설 등을 포함하는 포괄적 의미로 사용하고 있다.

우리나라 바람의 특징 중 하나는 편서풍Westerly Wind이다. 편서풍은 지구의 자전으로 인해 발생하는 코리올리 효과전향력에 의해 북위 및 남위 30°~60°인 중위도 지방의 상공에서 1년 내내 서쪽에서 동쪽으로 부는 바람이며, 우리나라의 경우 기상현상에 절대적인 영향을 미친다. 특히 봄에는 황사를 우리나라로 날려 보낸다. 또한 태풍이 편서풍 때문에 태평양이나 일본으로 간다고 고마워하는 사람도 있겠지만 중국으로 진행하던 태풍이 우리나라로 방향을 틀기도 한다.

편서풍에 의해 서해나 우리나라 상공에서 생성된 구름은 동쪽으로 이동하는데, 귀한 구름이 동해로 빠져나가기 전에 우리나라 상공에서 비로 전환시키려는 노력이 인공강우이다.

(2) 비의 생성

비는 구름 속의 수증기가 찬 공기를 만나 물방울이 되어 땅으로 떨어지는 것이다. 비의 생성 이론에는 영하의 차가운 구름에서 강수가 생성되는 빙정설과 영상의 따뜻한 구름에서 생성되는 병합설이 있다.

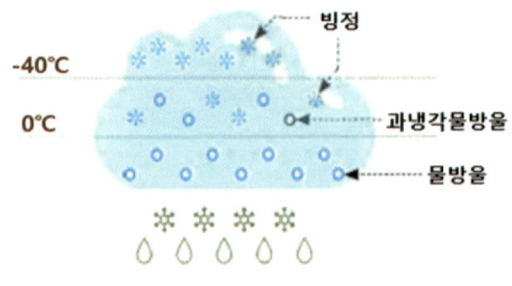

빙정의 성장에 의한 강수 과정

빙정설氷晶說, Ice Crystal Theory은 0℃ 이하인 구름 속에 과냉각 물방울이 빙정핵을 만나 승화하여 빙정이 성장하고, 성장한 빙정이 그대로 떨어지면 눈, 녹으면 비가 된다는 강수이론이다. 여기서 과냉각 물방울은 0℃ 이하에서도 얼지 않고 액체상태로 존재하는 물방울을 의미하며, 승화는 고체에서 기체로 또는 기체에서 고체로 변하는 현상을 말한다.

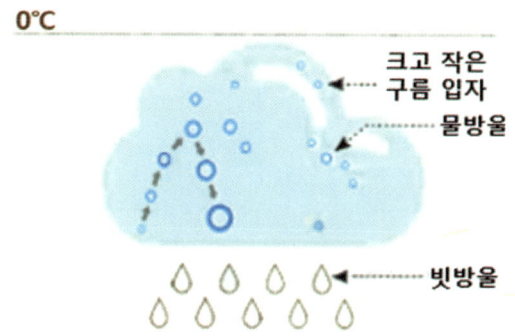

물방울의 충돌·병합에 의한 강수 과정

병합설併合說, Coalescence Theory은 온도가 0℃ 이상의 따뜻한 구름에서 큰 물방울과 작은 물방울이 서로 충돌하여 하나로 합쳐지고, 더욱 커져 비로 내린다는 이론이다. 물방울이 빙정상태를 거치지 않기 때문에 따뜻한 비라고 부른다.

구름의 상태와 여건에 맞는 빙정핵이나 응결핵 등 구름씨를 뿌려 인공적으로 비를 증가시키는 인공강우의 효과로, 댐 유역의 강수량 증가를 통해 수자원을 확보하여 가뭄 저감효과를 얻을 수 있으며, 강수를 통해 미세먼지 농도를 감소시킴으로써 대기질을 개선하고,

안개를 강수로 전환함으로써 가시거리 향상으로 교통사고를 방지할 수도 있다. 아울러 산간지역의 적설량과 토양 수분량을 증가시켜 산불을 예방하는 효과도 기대된다.

02. 항공모함 이야기

항공모함은 어떻게 구성되어 있나요

　항공모함은 바다 위에 떠 있는 전투비행단으로, 전투기를 탑재하여 이착륙이 가능하도록 만든 군함이다. 이함_{항공모함에서 이륙}과 착함_{항공모함에 착륙}을 위한 비행갑판을 갖추고 있다.

　항공모함 니미츠의 경우, 명칭은 태평양 전쟁의 전쟁영웅인 체스터 윌리엄 니미츠 제독의 이름을 땄으며, 비행갑판의 길이는 332.8m, 비행갑판의 폭은 76.8m이다. 탑재한 항공기 수는 회전익을 포함하여 약 100여 대이며, 6천여 평 넓이의 비행갑판에서 이들 항공기들을 운용한다. 탑승한 승조원 수는 약 6,000여 명이다.

　비행갑판은 2차대전 당시에는 일자형 갑판으로 운영하였는데, 이함 또는 착함 시 갑판을 전부 써야만 하기에 동시 이착함이 불가능하다. 현재 적용하고 있는 경사갑판_{앵글드 데크}은 이함과 착함 갑판이 위치적으로 분리되어 있으며 경사 또한 9° 각도를 가지고 있어,

동시 이착함이 가능하다.

2차대전 시 활용한 일자형 갑판 모형

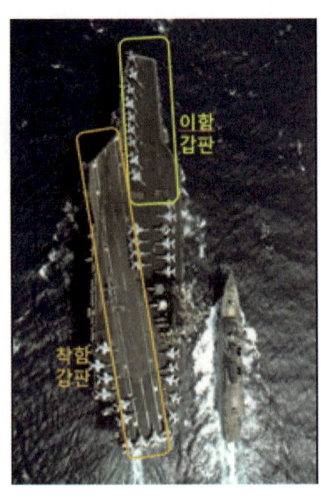
현재의 경사갑판

항공모함에서는 어떻게 뜨고 내리나요

항공모함에서 이륙하는 것을 이함, 착륙하는 것을 착함이라고 한다. 이함 시 사용하는 캐터펄트Catapult는 비행기 사출장치로써, 비행기를 급가속시켜 이륙하는 것을 돕는다. 착함 시는 착함 제동장치Arresting Gear를 사용하는데 갑판 위에 놓여 있는 강철 밧줄인 어레스팅 케이블을 비행기 후하방에 있는 후크Hook에 걸어 짧은 거리에 신속히 정지하도록 한다.

이함을 위한 캐터펄트 방식으로, 최초로 사용된 것은 공기식인데 압축공기로 가속시키는 방식으로 성능이 좋지 않아 초기에 도태되었다. 화약식은 화약의 폭발을 추진력으로 활용한 방식으로 구조가 간단하고 좁은 공간에서 운용이 가능하지만, 급가속으로 인한 비행기와 조종사에 무리가 가해지고 화약의 통제가 어려우며 사고 시 항공모함에도 큰 영향을 주므로 실용성 측면에서 좋지 않았다. 유압식은 압축공기와 유압장치를 이용하는 것으로 장비가 대형이고 구조가 복잡하여 도태되었다. 증기식은 현재 제일 많이 사용하는 방식으로 고온 고압의 증기로 피스톤을 밀어서 가속하는 방식인데 최대 40톤의 사출능력과 동시 사출능력 등이 우수하다. 전자기식은 선형유도 전동기를 이용하는 방식으로 사출 시점에서 종료까지 균일한 가속이 가능하고 장비 자체도 작아 공간활용 측면에서 유리하지만 충분한 전력량이 필요하므로 미국은 제럴드 R. 포드급 항공모함에만 설치하여 운용 중이다.

착함을 위한 어레스팅 기어는 어레스팅 와이어와 와이어가 당겨질 때 항력을 증가시켜 감속시키는 감속장치 등으로 구성되는데, 랜딩기어가 갑판에 닿는 순간 동체 후하방에 있는 어레스팅 후크가 어레스팅 와이어를 걸어 감속하게 된다. 착함하는 순간 후크에 와이어가 걸리지 않으면 항공모함 밖으로 이탈되는 사고로 이어질 수도 있으므로 이를 대비하여 3~5개의 와이어를 추가로 설치한다. 또한 조종사는 접지하는 순간 엔진을 최대출력으로 올렸다가 착함에 성공한 것을 확인하면 출력을 줄이는데, 만약 어레스팅 후크에 와이어가 한 개도 걸리지 않을 경우 다시 가속하여 재이륙하기 위함이다. 이를 볼터Bolter, 착함 실패라고 하며, 착함갑판이 이함갑판에 비해 더 긴 이유는 재이륙을 위한 충분한 활주거리 확보를 위해서다.

Arresting Hook

Arresting Cable을 걸은 모습

항공모함의 함교는 왜 오른쪽에 있나요

현재 운용 중인 항공모함의 함교는 모두 오른쪽에 있다. 항공모함은 제2차 세계대전부터 운영을 하였는데, 그 당시 전투기는 모두 프로펠러 전투기였다.

프로펠러의 특성 중 하나는 Power 증가 시 좌로 틀리는 현상,

Left Turn Tendency이다. 이륙 시 조작 미흡으로 좌로 틀어져 함교와 충돌할 가능성을 없애기 위해 함교를 우측에 두었으며, 이것은 전형적인 항공모함 배치가 되었고 지금도 함교를 우측에 두고 있다.

오른쪽에 함교가 있는 항공모함

항공모함은 짧은 비행갑판에서 이착함을 효율적으로 하기 위해 바람이 부는 방향으로 진행하면서 비행기를 띄우고 착륙시킨다. 정풍 쪽을 진행하면서 이함하면 그만큼의 속도이득 효과가 있고, 착함 시에는 접지 시 GS대지속도가 적어지므로 어레스팅 후크를 걸 때 충격이 다소 감소된다.

이함 시 비행갑판에서 발생되는 Ground Effect

전투기가 이함할 때 비행갑판을 벗어나는 순간 약간 가라앉는 듯한 모습을 보게 되는데, 바로 지면효과Ground Effect 때문이다. 비행갑판 위에서는 지면효과로 인해 Wingtip Vortex의 윗부분 일부만 나타나며 유도항력 감소로 양력이 증가되지만, 비행갑판을 벗어나게 되면 지면효과는 사라지게 된다.

항공모함 전용 수송기 타고 착함 및 이함 경험

미 항공모함 조지 워싱턴 호가 서해로 전개해서 작전을 할 때 방문한 경험이 있다. 이때 항공모함 수송기인 C-2 그레이하운드를 타고 갔었는데, 좌석방향이 통상 앞 방향으로 배치되어 있는 일반적인 비행기와는 다르게 뒷 방향, 꼬리 쪽을 보도록 배치가 되어 있었다. 이는 착함 시 어레스팅 후크에 어레스팅 와이어를 걸고 나서 약

3초, 50m 이내에 속도가 0이 되므로 착함 시의 감속율이 이함할 때의 증속율보다 더 빠르고, 이에 따른 감속 시 신체적 충격이 이함할 때보다 더 크기 때문에 좌석을 반대로 배치하였다고 한다.

　이함의 느낌은 그 짧은 시간 동안 안전벨트에 의존하는 것 외에는 아무것도 할 수 없다는 것이다. 진행방향과 반대로 앉아있는 상태에서 약 5초 이내에 약 100knots 이상으로 증속되므로 뒤로 튕겨 나갈 것 같은 그 충격은 지금도 잊을 수 없으며, 5초는 너무너무 길게 느껴졌다.

착함 중인 C-2

꼬리 쪽에서 바라본 C-2 내부

03. 물수제비 폭탄 이야기

제2차 세계대전 중이던 1943년, 영국은 독일의 공업지대인 루르 지방에 공업용수와 전력을 공급하는 댐 6개를 폭파하기 위한 체스타이즈Chastise 작전을 시행하였는데, 물수제비 폭뢰Depth Charge, 물속에서 수압에 의해 터지는 폭탄를 사용했다. 물수제비와 같은 원리로서, 수면과 평행하게 날아가면서 회전력을 준 폭탄을 떨어뜨리는 방법이다.

위 : 폭격기에 장착된 폭탄, 아래 : 랭커스터 폭격기에서 투하

독일군의 댐은 대형 폭탄을 활용해 정확히 폭격한다면 붕괴시킬 수 있었지만, 대형 폭탄을 실을 폭격기도 없었고, 댐 주변에 설치된 대공포 등의 위협도 많았다. 또 다른 방법으로 저공비행으로 침투하여 어뢰를 발사할 수도 있지만 독일군은 이에 대비하여 어뢰 방어망을 설치해 놓고 있었다.

당시 영국군은 폭탄을 수면 위 저고도에서 고속으로 투하함으로써 표면장력으로 인해 물 위로 튕겨 오르며 앞으로 전진하는 스킵 바밍Skip Bombing 전술을 개발해 대함공격 시 활용했었다. 하지만 댐을 파괴하기 위해서는 충분히 크면서도 표면장력에 의한 튕김현상이 발생하는 폭탄Bouncing Bomb이 필요했고, 공학자 반스 윌리스가 개발하게 되었다.

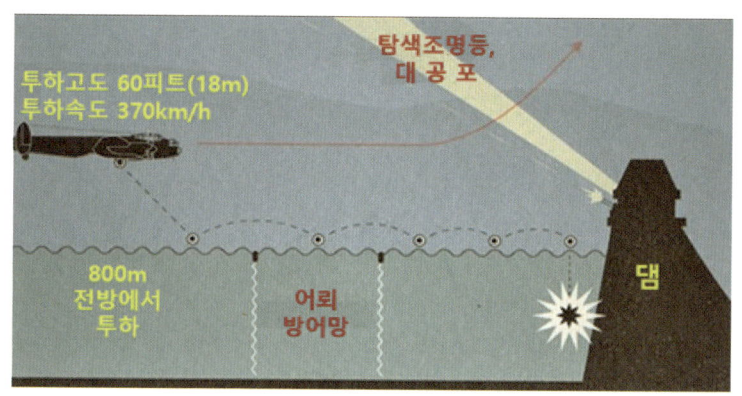

독일군의 방어망과 랭커스터의 폭격 도해

많은 시행착오와 실험 끝에, 댐 파괴를 위한 4,200kg급 대형 탄체를 드럼통 형태로 만들고, 60피트18m의 고도에서 시속 230마일 370km/h로 비행하는 폭격기가 댐으로부터 약 800m 거리가 되었을 때 대형 탄체에 전기 모터를 이용해 역회전을 준 상태로 폭탄을 떨어뜨렸다. 폭탄의 엄청난 질량과 진행 속도, 역회전 관성 등이 수면과 만날 때마다 탄체를 진행방향으로 강하게 튕겨내게 되어 폭탄은 통통 튀며 그물을 넘어 댐에 도착하였고, 물속에 가라앉은 후 터져 댐을 무너뜨리게 되었다.

댐 공격작전을 담당한 617비행대는 댐 버스터 Dam Busters라는 애칭을 얻었으며, 전쟁 이후에는 영화까지 제작되었다. 영화에서 기억나는 것으로, 고도계로 수면 위 60ft를 정확히 유지하는 것은 기압치 설정과 지시치의 오차 등으로 인해 어려운데, 물수제비 효과를 위해서는 고도유지가 매우 중요했다. 정확한 고도유지를 위한 방법은 폭격기 승무원들이 극장에 갔을 때 무대를 비추는 스포트라이트 Spotlight에서 힌트를 얻게 되었다. 동체 앞쪽 Nose과 뒤쪽에 스포트라이트를 달고 60ft가 되는 고도에서 두 개의 스포트라이트 원이 일치되도록 설치했다. 그리고 승무원 중 한 명은 비행 중 이를 확인하여 조종사에게 고도 상승 및 강하에 대한 조언을 함으로써 정확한 폭탄투하 제원을 유지할 수 있었고, 이를 통해 성공적으로 댐을 폭파할 수 있었다.

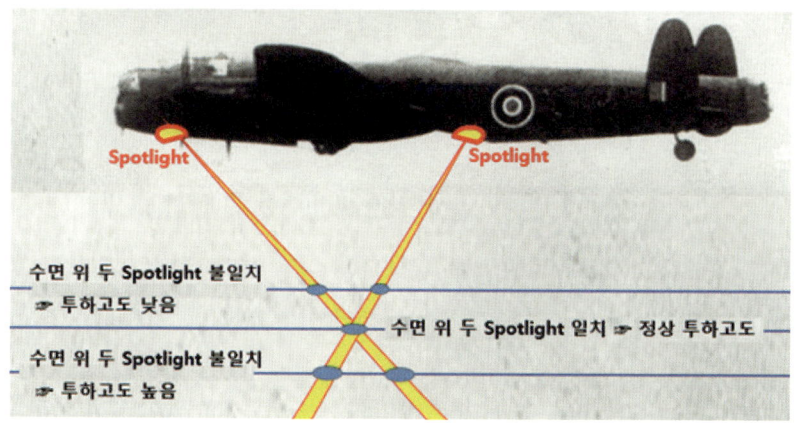

Spotlight 활용한 고도 유지 예시

파괴된 독일군 댐

04. 철새들 생활의 과학 이야기

새들의 V 대형과 몸 구조

철새들이 V자 대형을 이루며 나는 것은 에너지 소모를 최소화하기 위한 것으로, 뒤따라가는 새는 앞서가는 새의 날갯짓에 맞춰 날갯짓을 한다. 이렇게 함으로써 펠리컨의 경우 혼자 날 때보다 V자 대형을 이뤄 날 때 심장 박동과 날갯짓 횟수가 11~14% 감소한다고 한다.

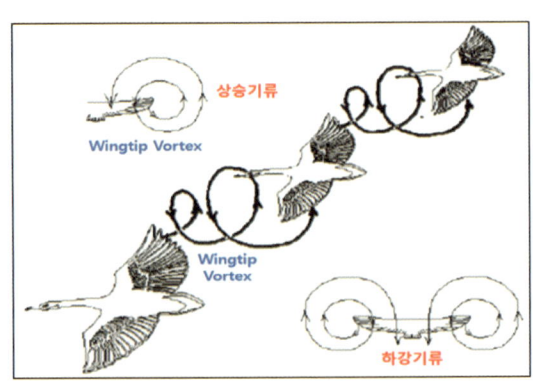

새가 날갯짓을 할 때 날개 양 끝단에는 날개 위와 아래의 공기흐름 차이로 인해 소용돌이Wingtip vortex가 생긴다. 이 소용돌이는 뒤쪽으로 가면서 점점 커지는 와류를 형성한다. 이 와류는 초기에는 아래쪽을 향하다가 위쪽으로 흐름이 바뀌게 되며 하강 및 상승을 반복하게 된다. 앞에 있는 새의 날개에서 발생된 상승기류 위치에 있는 뒤따르는 새는 추가 양력을 받아 적은 힘으로도 날 수 있으므로 힘을 비축할 수 있다. 앞서가는 새의 날갯짓에 맞춰 날개를 움직이는 것은 바로 이 와류로 생성되는 상승기류를 타기 위해서이다. 이러한 공기역학적 원리에 의한 비행으로 에너지 소모를 20~30% 줄일 수 있다. 하지만 앞뒤 일렬로 비행하는 경우에는 뒤따르는 새는 앞서가는 새와 엇박자로 날갯짓을 하는데, 이는 앞서가는 새가 만든 하강기류를 피하기 위해서이다.

새는 비행에 특화된 몸 구조를 가지고 있는데, 뼈 속은 공기로 차 있어 매우 가볍고, 날개를 퍼덕일 때 사용하는 가슴 근육이 차지하는 비율은 인간의 20배이다. 그렇기 때문에 인간이 팔에 날개를 달아도 새처럼 나는 건 불가능하다. 새들도 식도괄약근이나 항문괄약근을 가지고 있는데, 다만 새는 배설물을 저장하기 위한 별도의 생체조직을 갖고 있지 않다. 사람은 직장과 방광에 대소변을 각각 저장하지만, 새는 비행을 위해 무게를 줄여야 하기 때문에 배설물은 생성되는 대로 소변과 대변을 섞어서 즉시 체외로 버린다. 철새들이 비행 중에 잠을 잔다는 것은 아직까지는 증명되지 않았다.

05. 항공용어 이야기

항공용어는 배, 바다와 연관된 용어들이 많다고 하던데요

    항공용어는 배 및 바다와 관련한 해사海事 용어들과 많은 관련이 있다. 바다를 통한 운송수단 등은 오랜 기간 동안 발전을 해온 반면, 하늘을 통한 운송수단의 역사는 길지 않기 때문에 항공산업이 발달하는 초기에는 새로운 용어를 개발해 사용하기보다는 기존에 사용하던 배 또는 바다와 관련한 해사용어들 중에서 많이 선택하여 사용하였다. 그 대표적인 사례가 공항, Airport이다. 항구인 Port에 배 대신 비행기가 운용되는 곳이다 보니 Air를 붙인 것이다.

    Pilot은 커다란 배가 항구 입출항 시 좁은 수로를 통과할 수 있도록 안내하는 도선사를 의미하는 말이었다.

    On Board는 공항에서 비행기에 탑승한다는 용어로 사용하고, 탑승권은 Boarding Card라고 한다. 널빤지를 의미하는 board가 탑승이라는 의미로 사용된 것은 과거에는 배에 탑승하기 위해 부두와 배 사이에 널빤지를 놓아 그 위를 통해 탑승했기 때문이다.

배의 운동용어에도 Pitching 키놀이, Rolling 옆놀이, Yawing 빗놀이이 있다. 정확히 표현하면 배에서 먼저 사용한 용어를 비행기에서 채용한 것이라 하겠다.

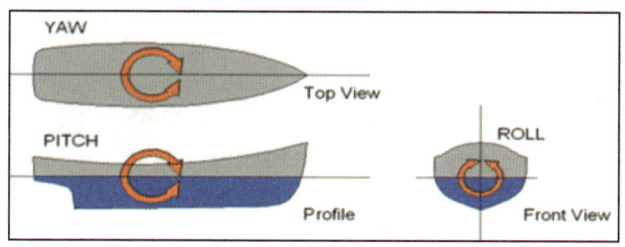

배의 운동, Pitching, Rolling, Yawing

배에서 Rudder키는 배의 후미 하부에 장착되어 방향을 조절하는 기능을 수행한다.

Rudder

Port, Starboard는 배의 좌현과 우현을 가리키는 용어로, 옛날 범선은 좌측이 부두와 접촉하도록 접안하였는데 조타 핸들을 좌측 또는 우측으로 조작하도록 방향을 불러줄 때 혼돈방지를 위해 좌측

253

은 항구도시가 있으니 Port라 하고, 우측은 바다의 별빛이 보이므로 Starboard라고 한 데서 유래되었다. 군 관제용어로도 좌측과 우측을 구분할 때 사용하고 있다.

Keel용골은 선박의 아래 중앙에, 선수에서 선미까지 설치된 배의 등뼈 구실을 하는 주요 구조재이다. 용골 중앙 하단에 지느러미 형태의 돌출물을 추가 장착한 것을 Fin Keel이라 하며, Rolling가로안정성에 대한 저항력을 갖도록 하여 선박을 안정시키고 조종을 쉽게 하는 역할을 한다.

Fin Keel

비행기의 가로안정성에서 언급되는 Keel Effect킬 효과는 바람이 측면에서 불어올 때 그쪽으로 선회하려는 경향을 의미하며, 동체 측면의 면적과 수직미익의 면적이 클수록 효과가 커지게 된다.

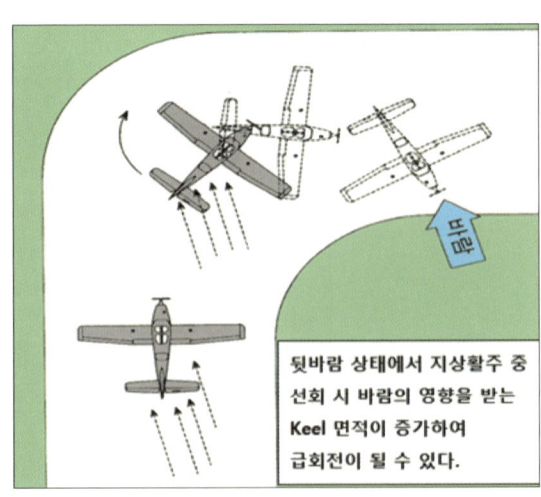

제8장

조종사로서
– 나의 비행과 생활

01. 비행훈련 이야기

(1) 메추리, 하늘을 날다

초등비행훈련 - 입문과정

메추리는 공군사관학교 1학년 생도에 대한 애칭이다. 4학년이 되었지만, 비행훈련에 처음 입과함에 따라 4학년이 아닌, 메추리가 되었다.

비행훈련의 입문과정인 <u>초등비행훈련</u>은 1983년 초, 당시 대전 공군교육사령부에서 T-41 가변 프로펠러 비행기로 받았다. 난생처음으로 비행기를 조종해서 두 발이 땅에서 떨어지는 순간을 지금도 잊을 수 없다. 마치 진공상태에 두둥실 떠 있는 듯한 느낌을 시작으로 나의 조종사로서의 비행 생활은 시작되었다.

공군에서 초등비행 훈련기로 운영했던 T-41

비행은 절차의 연속이며, 절차를 얼마나 숙달되게, 부드럽게 수행하느냐가 비행기량 측정의 척도가 된다. 절차 숙달을 위해 매 비행 전 비행연구 노트를 지상작동부터 이륙 및 공중에서의 과목수행, 착륙까지 매번 같은 내용이지만 기록하면서 숙달하였다.

또 이미지 훈련Image Training으로 마치 비행하듯이 지상작동부터 착륙까지 입으로 혼잣말하며 손과 발로 동작하면서 절차를 숙달하였다.

비행에 대한 감각과 적성은 중요한 요인이다. 예를 들어 비행연구를 충분히 하였어도 시동이 걸리면서 그동안 숙달하였던 절차들을 잊어버리는 것은 비행환경과 본인의 적성이 맞지 않기 때문이다. 물론 여러 번 비행훈련을 함으로써 극복될 수도 있지만, 공군에서의 비행훈련은 기다려주지 않는다.

중등비행훈련 - 기본과정

초등비행훈련과정을 수료하고 현재의 기본과정인 중등비행훈련 입과를 위해 사전 제3훈련비행단으로 왔다. 원심형 터보 제트 엔진을 장착한 T-37로 비행훈련을 하였다.

공군에서 중등비행 훈련기로 운영했던 T-37

하늘이라는 공간에서의 적응은 초등과정에서 접하였으므로 비교적 수월하였지만, g-Force 4g가 걸리는 다양한 수직기동과 Roll 기동, 편대대형을 유지하는 훈련 및 성능이 다른 비행기로 이착륙을 숙달하는 것이 힘들었다. 학과장이나 퇴근 후 숙소에서 비행을 연구하고 숙달하는 것은 초등과정과 같았으나, 이착륙 숙달을 위해 동기생과 서로 목마를 태워주며 활주로 착륙 시의 접근 강하각 유지를 위한 목측과 접지 시 자세 변화를 위한 당김 등을 숙달했던 것이 기억난다.

고등비행훈련 - 고등과정

중등과정을 수료하고 사천의 고등비행훈련에 입과하였다. 고등훈련기는 T-33으로 원심형 터보 제트 엔진이다.

공군에서 고등비행 훈련기로 운영했던 T-33

비록 비행기는 다르지만 이착륙과 수직기동, 편대비행 등은 초등 및 중등 과정에서 경험했으므로 적응은 수월했다. 문제는 계기비행 이었다.

고등비행 훈련기 T-33 Cockpit

자세계는 그냥 검정색이다. 지금의 비행기에 적용하는 눈금과 색깔이 표시된 자세계가 아니다. 시동 후 자세계를 케이징 caging, 직 립시키면 Horizon Bar만 수평에 나온다. 또한 계기비행 시 경로를 지시해주는 것은 CDI Course Direction Indicator가 없이 Needle만 있는 RMI Radio Magnetic Indicator이다. 이것으로 어떻게 계기비행을 해야 하나 갑갑했던 기억이 있다.

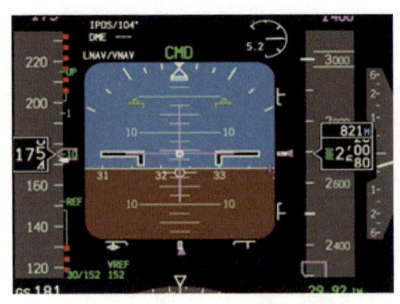

Boeing 737 자세계   Garmin G1000 계기판 CDI

하지만 하면 된다. 예상되는 자세를 자세계상에 유지하고 그 대신 고도계, 속도계, 상승강하계, RMI 등 성능계기를 Cross Check 하여 원하는 성능이 나오지 않으면 자세계상에서 자세를 다시 재조정한다. 이후 다시 Cross Check를 하고, 이를 반복적으로 수행하면서 계기비행을 하게 된다. 조종사들은 이러한 방식을 자세계 중심의 Cross Check라고 한다. 계기비행 훈련을 위해서는 후방석에 탑승하며 캐노피 안쪽에 Hood를 씌워 밖이 보이지 않는 상태로, 계기만 참조하여 사천에서 이륙하여 대구 또는 광주, 김해 등에서 계기접근을 하고 다시 계기비행을 하여 사천으로 돌아온다. 비록 자세계가 온통 검정색이고 오차도 있어 참조하기가 쉽지는 않지만 Horizon Bar와 Bank Index 등을 참조하고 성능계기 등을 확인하여 지속적인 수정조작을 함으로써 원하는 계기비행을 할 수가 있다.

(2) Attitude, 비행도 인생도 100점

Attitude, 비행 시 매우 중요한 계기이지만, 비행을 준비하고 실시하는 과정에서도 아주 중요한 덕목이다. 우리가 삶을 영위하면서 공부에 임하는 자세, 업무에 임하는 자세 등을 강조하는데, 자세는 행동에 임하는 마음가짐이다. 마음가짐을 통해서 행동을 하기 때문이다.

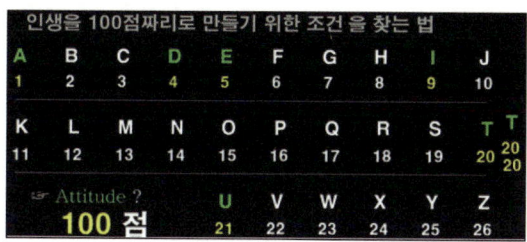

알파벳 첫 번째 A를 1로 하여 순서대로 숫자를 부여하면 마지막 Z는 26이 된다. Attitude에 그 숫자를 부여하고 더해보면 A-1, t-20, t-20, i-9, t-20, u-21, d-4, e-5 = 100이 된다. Attitude를 똑바로 하면 100점 인생이 될 수 있다.

인생은 생각의 결과라고 한다. 어떤 태도를 가지고, 어떤 생각을 하느냐에 따라 인생은 결정된다. 생각의 결과가 행동이기 때문이다. 부정보다는 긍정의 생각을 통해 항상 깨어있어야 하겠다. 우리는 마음 먹기에 따라서 얼마든지 100점짜리 인생이 될 수 있다.

나에게 찾아온 역전이 현상, 노력과 인간관계로 극복하다

　나의 전투조종사로서의 비행 생활은 2013년 6월 30일부로 명예전역을 하면서 종료되었다. 전역 후의 삶은 전망이 좋은 직종보다는 내가 잘할 수 있는 직종을 선택하기로 했다. 바로 비행이었고, 비행을 위해 정년보다 5년 먼저 명예전역하였다. 비행교육원 조종교육증명 과정에 입과하여 세스나 C-172에 대한 교관교육을 마친 다음 비행교수로 학생들에게 비행교육을 하였다.

　초등에서 중등, 고등 및 전투기 과정 등 상급과정으로 이전하는 것은 인체공학적으로 Transfer전이라고 표현하며, 난이도는 상승하더라도 점점 발전된 비행과 기종으로 전환되므로 Transfer가 수월하다. 자동차를 예로 들면 수동 경차를 타다가 오토매틱 중형, 오토매틱 고급세단으로 갈아탄다면 적응은 수월하다. 그런데 오토매틱 고급세단을 타다가 수동 경차로 갈아탄다면 어떠할까. 이러한 경우가 Counter Transfer역전이 현상으로 적응하기가 매우 어렵다. 나 또한 Counter Transfer 현상으로 인해 C-172에 적응하는 데 많은 노력이 필요했다.

　교관교육을 받는 과정에서 매일 아침마다 주기되어 있는 C-172에 탑승해 비행절차를 숙달하는 시간Cockpit Time을 가졌다. 또한 같이 교육받는 나의 동료들에게 질문하고 토의함으로써 기량 향상에도 많은 도움을 받았다. 어려운 시절 같이해준 우리 차반 패밀리에게 깊은 애정과 감사를 전한다.

02. 나의 비행안전을 지켜준 이야기

(1) Too Late~~~!!!

T-41 비행기로 초등비행훈련을 받을 때 비행교수님 한 분이 학과 시간에 얘기해준 내용이다. 미 공군 에어쇼팀 선더버드Thunderbird와 관련한 일화로써, 비행사고가 있었고, 이후 비행을 재개하는 단계에서 T-33으로 비행훈련 후 기지로 복귀하는데, 기상이 악화되어 관제사 유도하 정밀접근Precision Approach Radar을 시도하게 되었다. 활주로에 가까워졌는데도 강하율이 깊어 관제사는 Below Glide Path, 이후 Do not Descend을 지시하였으나 비행기는 계속 강하하여 활주로 이전에 지상과 충돌하는 사고가 발생하였다. 이때 관제사가 마지막으로 한 말이 Too Late였다고 한다. 저자가 지금까지 안전하게 비행할 수 있었던 것은 너무 늦지 않게 필요한 조작이나 조치를 취한 것이었다고 생각한다. 이는 인생살이에도 필요하다고

생각된다.

과거 미 공군 선더버드 훈련기로도 사용했던 T-33

(2) Expect the Unexpected~~~!!!

1984년 예천비행장에서 F-5E/F 전투기 과정 훈련을 받았는데, 대대건물 앞에 써 있던 문구이다. 예상치 못한 상황을 예상하라, 참으로 어려운 말이다. 하지만 이 문구 또한 저자의 비행안전에 밑거름이 되었다.

하늘에서의 비행환경은 기상변화와 인적요인, 비행기 부품의 상황 등으로 예상치 못하는 시점에서 예상치 못하는 비정상적 상황이 발생하게 된다. 그렇기 때문에 항상 여러 가지 상황발생에 대비해 Case Study 사례연구를 하고 처치절차를 숙달해야 한다. Knowledge is Power. The Power is based on Safety. Therefore, Knowledge is Safety. 아는 것이 곧 안전이다.

전투기동이 시작되면 많은 g중력가속도가 유지되는 상태이고, 상대방을 지속 확인하고 나의 고도 속도 등 에너지 또한 확인하면서 조작해야 하므로 엔진 계기를 확인할 시간적 여유가 부족하다. 직접 경험한 상황으로, 방어기동을 수행하는 과정에서 퍽- 하는 진동이 느껴졌으며 이내 엔진 계기를 확인하니 우측 엔진 온도가 상승하여 Power를 Idle로 줄였다. 요기에게 확인시키니 불덩어리 같은 것이 쑥~ 빠져나오는 것을 보았다고 했다. 엔진의 터빈 블레이드 결함으로 예상되었다. 한쪽 엔진으로 착륙을 하고, 착륙 활주 중 우측 엔진 온도를 지속 확인하였는데, 속도 감소에 따라 엔진 온도가 상승하여 착륙 활주 중간에 우측 엔진을 정지하고 안전하게 활주로를 개방하였다. 이렇듯 엔진 계통에 대한 지식이 충분하다면 적절한 처치 및 앞으로 발생될 상황을 예견하여 대비할 수 있다.

또 하나 직접 목격한 간접경험 사례로, 미공군 F-16 복좌가 이륙을 위해 활주로에 있었고, 착륙하려는 미공군 F-16 단좌는 활주로에 거의 도착하고 있었다. 구름은 아주 낮게 깔려있었고 시정 또한 좋지 않았다. 이륙 준비를 완료한 복좌 F-16이 이륙활주를 막 시작하는 단계에서, 착륙 중이던 단좌 F-16이 이륙 중인 F-16 위에 덮치는 사고가 발생되었다. 계기접근 관제사가 있었고 타워 관제사도 있었는데, 누가 이러한 사고가 발생될 거라고 예상을 할 수 있을까. 사전 통보 및 협조가 이루어지지 않은 결과였다.

이러한 예상치 못한 상황은 비행 환경에서뿐만 아니라 우리 일상에서도 많이 발생하고 있으므로 적절한 대비가 필요하겠다.

코카콜라 회장을 지냈던 더글러스 태프트가 2000년 직원들에게 보낸 신년사의 한 구절을 소개하면 다음과 같다.

"Life is not a race, but a journey to be savored each step of the way. Yesterday is History, Tomorrow is a Mystery, and Today is a gift; that's why we call it - the Present." 인생은 경주가 아니라 그 길의 한 걸음 한 걸음을 음미하는 여행이다. 어제는 역사이고, 내일은 미스테리이며, 그리고 오늘은 선물이다. 그렇기에 우리는 그것을 현재 the present라고 한다.

이를 다시 얘기하면 The Present is a Present. 현재 이 시간이 우리에게는 선물인 것이다. 선물인 현재를 어떻게 준비하고 살아야 하는가. 내일 떠오르는 태양을 또다시 보기 위해서는 오늘에 충실해야 하고, 비행 측면에서는 예상치 못한 상황을 예상하여 준비해야 음미하는 비행을 할 수 있을 것이다.

03. 비행교육 이야기

(1) 절묘한 순간, 나방이 피토관을 막았다

비행교육원에서 이착륙 교육을 위해 비행할 때의 일이다. 이륙해서 초기 상승하는데 속도계가 갑자기 0을 지시하였다. 순간 좌측에 있는 피토관을 확인했더니 나방이 피토관을 막고 있는 것이었다.

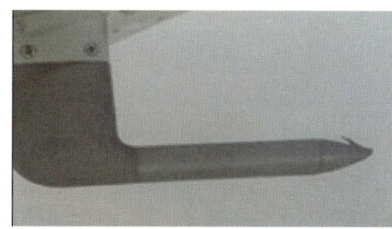 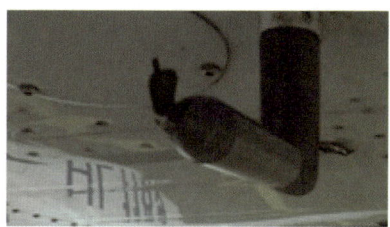

나방과의 절묘한 만남

C-172 G1000 계기판의 경우에는 GS Ground Speed 가 시현되는

데, 이것을 믿고서 비행하면 안 된다. GS는 GPS를 활용한 지상속도이기 때문이다. 비행기의 양력은 지상속도에 의해 발생되는 것이 아니라 날개를 지나는 공기의 속도, 즉 계기속도IAS에 의해 발생되기 때문이다. IAS가 부작동 상태에서 뒷바람이 50knts 부는데 GS 100knts를 유지한다면 곧 실속에 진입하게 된다. GS는 참조만 하고, 이착륙 패턴 내에서 고도 속도를 유지하기 위한 경험적 Power Setting과 구간별 필요한 Power를 Set하면서, Stall Warning Horn도 확인하면서 착륙을 하였던 경험이 있다.

(2) 비행교육에 대한 소회(Impression)

비행교육원에서 비행교육을 받는 학생조종사의 경우 숙소가 인근에 있으며, 비행이 없을 때에는 숙소에서 대기하면서 비행연구를 한다. 하지만 숙소에서의 편안함 때문에 비행연구는 쉽지 않고, 비행기량 향상도 느린 편이다.

군에서 비행훈련을 받을 때에는 비행이 있든 없든 학과장으로 모두 출근하여 비행연구를 하고, 퇴근시간이 되면 입과자들 모두 같이 퇴근을 한다. 비행이 없는데도 학과장으로 출근해야 하나라는 의문이 들지만, 이것이 비행기량을 향상시키는 큰 역할을 한다. 학과장에 모여 비행준비 및 비행연구를 하면서 궁금한 점을 바로 해결할 수 있고 상호 정보공유도 가능하다. 또한 다른 학생조종사가 비행 후 디브리핑을 통해 조작이 미흡했거나 실수했던 것을 간접경험으로 인지함으로써 본인의 비행연구에 반영할 수 있다. 그리고 수시로 주기되어 있는 비행기에서 Cockpit Time을 통해 이미지 훈련과 비행기 및 비행계기들에 숙달되는 친숙화 시간을 가짐으로써 비행기량 향상을 도모할 수 있다.

예를 들어, 비행교육원의 자가용 과정에 있는 학생조종사들은 단독비행Solo을 위해 실러버스에 나와 있는 횟수보다 더 많이 탑승을 한다. 결국 돈으로 연계되는 것인데, 책임감이나 절박함이 결여된 상태로 추가탑승을 한다는 생각을 버릴 수가 없다. 학생조종사가 바람직한 Attitude를 가지고, 기숙사보다는 학과장에서 보다 적극적인 비행준비와 비행연구를 한다면 단독비행Solo 시기를 앞당길 수 있다.

한 번은 King Air 350 비행을 위해 미국 위치타 FSI Flight Safety International로 Simulator 교육을 2주간 다녀왔었다. Sim 교육 시 교육훈련 내용을 기록하였다가 숙소로 돌아와서 매일 정리하고 숙달하였다. 교육 후 한국으로 돌아와서는 Sim 교육 연구노트와 PTM, POH 등을 근거로 지상학과 교육자료 PPT 약 2,000장과 STM 표준훈련교범 및 SOP 표준운영절차 두 권의 교범을 작성하여 발간하였다. 지식을 기록으로 남김으로써 평상시 숙달을 위해 활용하고, 새로운 조종사의 교육훈련을 용이하게 하며, 조작이나 절차 등의 이유와 목적 등을 기록함으로써 시간이 지난 다음에도 잊지 않기 위해서이다. 2주간의 Sim 교육을 위해 지출한 비용은 Sim 교육비만 31,100달러이고 수수료 및 왕복 항공권, 숙박비, 식비 등을 합치면, 1달러 1,300원으로 계산할 경우, 총 약 4,723만 원이다. 우리나라에 한 대만 있는 기종이고 숙달을 위해 배우는 과정인데, 참고할 만한 연구 노트나 교육훈련 자료 없이 Sim만 타고 온다면 얼마나 아까운가 하는 생각이 들기 때문이다. 전역 후 느낀 점 중 하나는, 전문가적인 직업정신보다는 자신의 안위와 이익을 우선시하는 경우를 목격하곤 하는데, 직업관이 달라서 그런지 아쉬움으로 남아있다.

(3) 공약(公約)이 아닌 공약(空約)과 공항

선거 시기가 되면 공약公約과 공약空約이 무성하다고 한다. 공약公約은 정부나 정당, 입후보자 등이 어떤 일에 대해 사회 공중公衆에게 실행할 것을 약속하는 것이다. 공약空約은 헛되이 하는 약속으로, 표만 얻으면 된다는 식의 무책임한 약속도 이에 해당될 것이다. 공항이 공약公約과 공약空約의 대상이 된 여러 사례가 있다.

양양공항 관련하여, 1997년 양양공항 건설추진 관계관 회의 참석을 위해 국방부로 출장을 갔었다. 양양은 태백산맥 설악산 영향으로 동풍 또는 서풍이 많이 불기 때문에 활주로 방향을 동/서 방향으로 해야 하는데, 해안선과 나란히 남동/북서 방향 150°/330°으로 한다고 한다. 이렇게 하면 측풍 때문에 이착륙에 제한사항이 많아 결항 가능성이 많으며, 위치도 속초에 가까워 인구수 관련 탑승자도 적게 된다. 당시 운영 중이었던 강릉공항은 동/서 방향이고 지리적으로도 탑승자의 접근성이 좋아 민항기가 취항하고 있다고 얘기하니, 그거는 그렇지만 선거공약으로 제시되었기에 추진해야 한다고 한다. 양양공항의 계기접근은 남쪽만 있는데, 북쪽은 북한 관련 비행금지구역으로 인해 계기접근절차를 만들 수 없기 때문이다. 현재 양양공항의 민항기 운항은 극히 제한적이며 비행교육을 위한 경비행기들이 주로 사용하고 있다. 소형항공사가 소형여객기로 운영을 했었는데, 지자체 지원을 받는 저비용항공사가 취항하는 바람에 그나마 운영하던 소형항공사는 폐업하고, 저비용항공사도 비행기는 큰데 탑승객은 적어 운영에 곤란을 겪고 있다고 한다. 저비용항공사가 취항하지 않았으면 소형항공사라도 운영하고 있을 텐데 하는 아쉬움이 있다. 공약公約인지, 공약空約인지 궁금하다.

울진비행장은 공항으로 건설되었으나 민항기는 한 번도 오지 않았다. 여기도 선거공약으로 건설되었고, 건설 이후 계속 놀려둘 수 없어 비행교육원을 유치하여 비행교육용으로 활용하고 있다. 양방향 정밀계기 접근시설을 보유하는 등 매우 우수한 시설과 장비를 보유하고 있어 비행교육용으로만 사용하기는 아까울 정도이다. 울진비행장은 울진비행교육원 소속이 아닌 비행교육 비행기는 훈련 목적의 계기접근 비행 등을 받지는데, 이유야 있겠지만 참으로 아쉽다.

무안공항은 광주공항 이전과 연관되어 있으며, 이전은 쉽지 않은 듯하다. 민항기 운항은 극히 제한적으로만 취항하고 있으며, 김포공항에 있던 비행교육용 경비행기들을 옮겨와 운영하고 있으나, 그곳에서 비행교육원을 운영하는 학교와 업체 및 조종사들은 애로사항이 많다고 한다. 불이익을 우려하기에 더 이상 얘기하지 않겠다.

예천은 공군 활주로를 사용하고, 유도로와 주기장, 새로운 공항

청사 등을 추가로 건설하였으나, 중앙고속도로 개통 이후 탑승객 급감으로 운항이 중단되었다.

공항이 있으면 마치 경제가 살아나는 환상에 빠지고, 후보자들과 정치권은 그것을 이용한다. 지자체는 정치인이 나서서 국민의 세금을 끌어들여 공항을 짓고 완공 후 적자가 나더라도 책임지지 않으니 손해 볼 것이 없는 셈이다. 일단 공항을 짓고 보자는 심리가 앞설 수밖에 없다. 그리고 국민의 세금은 이렇게 낭비된다. 나부터 공약公約과 공약空約을 구분할 수 있는 선진 국민이 되어야겠다.

(4) 비행교육을 위한 지원에 대한 소회

항공산업이 활성화되기 위해서는 민항기가 많이 취항해야 한다. 그러기 위해서는 조종사 양성이 뒷받침되어야 하는데, 우리나라의 조종사 양성은 울진비행장 및 무안, 양양, 울산, 청주 공항 등, 그리고 사립대학의 비행장 등에서 운영하는 비행교육원을 통해 이루어진다.

조종사 교육을 위해서는 단독비행을 위한 이착륙 훈련과 계기비행 및 야간비행이 필요한데, 국내의 여건은 참으로 어려운 상황이다. 시설 및 장비는 모두 갖추어져 있으나 적극 지원하기 위한 관심과 마음가짐이 아쉽다.

예를 들어 계기접근 교육을 위해 특정 공항으로 가는 도중에 관할 접근관제소에서 통신을 한다. 계기접근을 하려는 공항에서 연락이 왔는데 항적이 많아서 계기접근이 안 된다고 하는데, 어떻게 할 거냐고 묻는다. 결국은 돌아가라는 얘기다. 학생조종사는 시간당 40여 만 원의 비용을 지불하고 비행하는데, 참으로 안타깝다.

이착륙 장주 내 항적 상황으로, 공군의 사천비행장은 KT-1으로 기본과정 비행훈련을 하는데, 이착륙 장주 내에 7대, 외곽 장주까지 포함하면 11대를 동시에 운영한다. 2023년 7월에 확인한 바로는 같은 길이의 활주로를 가진 민간공항에서는 이착륙훈련 장주에 3대, 기종이 다르면 2대만 운영하게 한다는데, 사천비행장과 비교할 때 이착륙 장주 내 운영 댓수의 차이가 많다. 그런데도 항적이 많다고 돌아가라고 한다.

항공교통관제 업무의 우선순위인 First Come, First Served 선착순에 대하여 생각해봐야 하겠다.

공항에서 이착륙훈련 댓수를 너무 적게 운영하여 충분한 이착륙훈련을 하지 못하니, 일부 비행교육원은 궁여지책으로 모든 시설이 갖추어진 공항을 놓아두고 이착륙만을 위해 계기시설도 없는 농로 사이의 작은 활주로에서 이착륙훈련을 하기도 한다. 현실이 이러하니 교육 기간이 길어지고, 그래서 미국에 가서 비행교육을 받는다. 물론 이유야 있겠지만, 우수한 시설과 장비를 보유하고 있음에도 교육 지원에 대한 인식과 성과 저조로 인해 국부낭비가 지금도 일어나고 있다.

농로 사이 활주로   　시설과 장비를 갖춘 공항

04. 명예로운 직업관

(1) 명예로움에 대하여

"죽는 날까지 하늘을 우러러 한 점 부끄럼이 없기를" 윤동주 시인의 서시序詩 첫 부분이다. 통상적으로 하늘은 도덕적, 윤리적 판단을 하기 위한 기준이 되는데, 시인은 하늘을 우러러 보면서 죽는 날까지 세속적 삶과의 타협을 거부하고, 한 치의 부끄럼도 없는 삶을 살기를 원했다. 그래서 바람에 흔들리는 나뭇잎의 작은 흔들림에도 괴로워하면서 끊임없는 자아성찰을 통해 명예로운 삶을 살고자 노력했다고 말하고 있다. 서시는 1941년에 작성한 것으로, 일제 강점기를 살아가는 지식인의 도덕적 순결성에 대한 고뇌와 현실의 어려움을 극복하고 명예로운 삶을 살려는 의지를 드러내고 있다.

이 시대를 살아가는 우리는 개인이나 편파적인 이익을 추구하지 말고, 공명정대하게 조직과 공공의 이익을 위해 노력해야 하겠다.

명예로움을 생각하면서, 나와 주변을 같은 시각으로 바라보고 배려하면서, 뻔뻔함이 아닌 떳떳함을 추구하는 것이 필요하다.

안일한 불의의 길보다는 험난한 정의의 길을 자랑스럽게 선택하고 행동하는 것이 명예이다.

(2) 일하는 방식 - 솔선수범

踏雪野中去　不須胡亂行 답설야중거 불수호난행
今日我行跡　遂作後人程 금일아행적 수작후인정

눈 덮인 벌판을 걸어갈 때 발걸음을 어지럽게 걷지 말아라.
오늘 내가 걸어간 발자국은 뒤에 오는 사람의 이정표가 될 것이니라.

좌 : 1948년 남북협상을 위해 북으로 가는 도중
개성 북서쪽 38선 표지 앞에선 김구 선생과
아들 김신(오른쪽), 비서 선우진(왼쪽), 우 : 김구 선생의 친필 글씨이 시는 서산대사1520~1604년의 작품으로, 백범 김구 선생이 좌우명으로 삼은 애송시로도 유명하다. 무슨 일이든 처음에 시작하기가 어렵다. 일단 시작을 하고 나면 그 다음부터는 참고할 선례가 있기 때문에 훨씬 수월해진다. 김구 선생도 독립을 위해 노심초사하면서 앞서 걸으셨기에 이 시를 좋아했던 것 같다.

우리 주변을 보면 마치 손님과 같이 책임은 갖지 않으면서 참견하듯 말로만 일하는 사람이 있다. 내가 생각하는 일하는 방식은, 눈으로 보고 귀로 듣고 머리로 생각한 다음 손과 발로 일하는 것이다. 여기에서 빠진 것은 입이다. 말보다는 행동, 다른 사람에게 시키거나 눈치 보기보다는 솔선수범하는 업무자세가 필요하다.

전투비행대대장 직책 수행 시 사무실에 붙여놓은 글이 있다. Do not say 'I can't' to me, just tell me a way. 할 수 없다고 얘기하지 말고 방법을 얘기하라는 것이다. 이것 또한 적극적이고 솔선수범하는 업무자세일 것이다.

(3) 일하는 방식 - 주인과 손님과 종

종과 같이 일한다는 것은 시키는 것만 하는 것이다. 책임도 없다. 주인이 시키는 것만 하면 되고, 열심히 일을 찾아서 하려고도 않는다. 이유는 개인적으로 추가적인 이득이 없기 때문이다.

손님같이 일한다는 것은 아무런 책임감 없이 입으로만 뱉는 것을 말한다. 행동은 하지 않고 참견만 하는 것으로 조직의 발전에 해악이 된다.

주인은 권한이 있지만 책임 또한 동반한다. 일을 시키는 입장이지만 진정한 주인은 시키는 것에 추가하여 현장에서 확인하고 애로사항을 해결하는 등 적극적인 업무추진 자세를 보인다. 현장에서 발생하는 문제에 대한 책임이 있기 때문에 항상 노심초사하고 긍정적 결과를 산출하기 위해 고심하고 노력한다. 종같이 일하는 사람도 추가적인 이득을 제시하면 일하는 방식이 달라지는데, 이 또한 주인의 능력이다. 평시 군에서 지휘관을 임명하는 것은 부대 목적에 맞도록 교육훈련하여 유사시에 대비하라는 것이지만, 책임지라는 의미도 있다.

개인보다는 공익을 우선하고, 본인의 주 업무에 창의적 아이디어를 접목하여 성실히 수행하는 등 자신의 주 업무에 전념한다면 진급이나 급여 등은 부수적으로 따라오게 된다. 진급이나 급여를 목표로 일한다는 것은 좀 아쉽다.

(4) 일하는 방식 - 변화(Change)와 혁신(Innovation)

많은 기업들은 끊임없는 변화와 혁신을 통해 바꾸고 개선하여 지속적인 발전을 추구하고 있다. 그렇지 않으면 변화하는 시대에 따라가지 못하고 뒤처지고 결국은 사라지게 되기 때문이다.

변화는 모양이나 성질이 바뀌어 달라지는 것을 의미하는데, 현재의 것을 새롭게 바꾸는 것이라고 볼 수 있다. 혁신은 낡은 것을 바꾸거나 고쳐서 아주 새롭게 하는 것인데, 여기에 가치Value를 접목하여 가치를 창출하는 방법을 찾는 것이 기업에서의 혁신이라고 볼 수 있다.

기업에서의 가치는 소비자의 선택을 받는 것이므로, 기업의 혁신은 소비자들이 가치 있다고 생각하는 상품이나 서비스를 찾아내는 가치 창출 활동이라고 말할 수 있다. 변하지 않으면 죽는다는 강박관념에 사로잡힌 전투성 구호는 현 시점에는 맞지 않는다. 기업이 성장해 나갈 수 있는 길은 전투의지를 다지며 과거의 틀에서 벗어나기만 하면 되는 것이 아니라, 고객이 진정으로 원하는 새로운 가치를 찾아내는 것이기 때문이다. 고객이 원하는 가치를 찾는 활동이 바로 혁신인 것이다. 그러므로 고객이 가치에 부합되는 획기적인 상품을 만들 수 있도록 창의적인 아이디어를 접목하여 개선해 나가도록 하는 것이 혁신활동의 중심이 되어야 한다.

혁신革新 을 그대로 풀이하면 가죽革, 가죽 혁 을 새롭게新, 새로운 신 한다는 것인데, 가죽을 완전히 벗겨 새로운 살을 드러낸다고 해석할 수도 있고 기존에 덮여 있는 가죽을 새것으로 바꾼다는 의미도 된다. 혁신은 살갗이 벗겨지는 고통을 동반하게 된다는 것이다.

솔개의 변화와 혁신 관련하여, 솔개는 70여 년 동안 사는 장수하는 조류이다. 이렇게 장수하기 위해서는 약 40년이 되었을 때 아주 중요하고 고통스러운 결심을 해야 한다. 솔개는 약 40년이 되면 발톱이 노화하여 사냥감을 잡기가 어려워지고, 부리도 길게 구부러져 가슴에 닿을 정도가 되며, 깃털은 두꺼워져 날개가 무겁게 됨으로써 날아다니기가 힘들게 된다. 이때 솔개는 현실을 받아들여 순응하다 죽을 것인지, 아니면 약 반년에 걸친 고통스러운 변신을 거쳐 새로운 삶을 살 것인지를 선택해야 한다. 새로 태어나는 길을 택한 솔개는 산 정상 부근에 있는 바위 위에 둥지를 틀고 먹지도 않고 자신의 부리를 바위에 쪼아댐으로써 노화되고 안으로 굽은 부리가 빠지게 한다. 그러고 나면 새로운 부리가 다시 돋아나게 되고, 새로운 부리로 자신의 무뎌진 발톱을 모두 뽑아낸 다음, 깃털도 모두 뽑아낸다. 그렇게 6개월이란 시간 동안 고통을 감내한 끝에 솔개는 새롭고 튼튼한 부리와 발톱, 윤기가 흐르는 깃털을 다시 회복하여 예전처럼 하늘을 마음대로 날아다니며 약 30여 년의 세월을 더 산다고 한다.

비행하는 솔개

솔개는 현재의 부리와 발톱을 새롭게 변화시킴으로써 생명 연장을 한다. 부리와 발톱의 변화는 효과적인 먹이 사냥을 통해 생존 가치를 높이기 위한 솔개의 혁신인 것이다.

내가 정년보다 5년 먼저 전역한 것은 마치 솔개가 변화하는 것과 같았다. 솔개의 결정 과정과 같이 나 또한 결정 과정에서 많은 고민을 하였고, 군인에서 민간인으로 신분이 전환되는 과정과 이에 적응하는 단계의 어려움은 솔개의 변화와 혁신을 생각하면서 극복하였다. 변화하고 혁신하는 것은 많은 어려움이 있지만, 그러나 변화하고 혁신해야만이 미래에 순응할 수 있다고 생각한다.

초심을 잃지 않는 것은 쉽지 않다. 시간이 지나 현실에 적응하게 되면 개인의 이익과 안위를 더 우선시하는 경향이 있기 때문이다. 하지만 초심을 잃지 말고, 현실에 안주하지 않도록 깨어있고, 의식하고, 변화하고, 혁신하도록 노력해야겠다. 솔개는 얘기한다. 변해라, 변하지 않으면 변화 당할 것이다. Change, or You will be Changed.

(5) 블랙이글스에게 배운다 - Teamwork

군에서 수행했던 여러 직책 중 가장 명예롭게 생각하는 직책은 블랙이글스 특수비행대장이었다. 현재 우리가 만든 초음속 항공기인 T-50으로 운영하고 있는 블랙이글스는 대한민국의 자랑이자, 공군 조종사의 자존심이라고 생각한다. 그러한 블랙이글스의 구호는 Teamwork이며, 조종사 상호간 신뢰와 믿음을 밑바탕으로 에어쇼를 수행하고 있다.

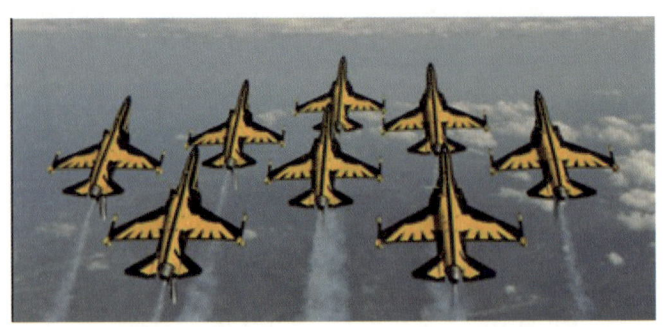

8기 밀집 편대대형으로 수직 Loop 기동하는 블랙이글스

8대의 블랙이글스가 리더를 중심으로, 리더의 지시에 따라 일사 불란하게 기동하는 것의 핵심은 바로 Teamwork협동심이다. 곡예 비행을 하는 동안 밀집 편대대형을 유지한 상태에서 고난도의 기동을 실시해야 하는 조종사들은 한시도 여유로울 시간이 없다. 눈으로는 리더와 전방 및 바로 옆에 있는 동료기를 확인하며, 귀로는 리더의 지휘내용과 동료 간의 통화내용을 들어야 하고, 머리로는 이러한 상황을 파악하여 손과 발로 조종간을 움직여야 한다. 하지만 밀집 편대대형을 유지하고 있으므로, 머리로 생각한 후에 조종간을 움직일 만한 시간적 여유가 없다. 평소 훈련한 대로 상황에 따른 즉각적인 조작이 이루어져야 하며, 이 과정에서 밀집대형을 유지하고 있는 조종사 상호간 신뢰와 믿음을 근간으로 하는 Teamwork은 매우 중요하다. 그렇기 때문에 블랙이글스 멤버가 되기 위해서는 비행교육의 성적과 비행 자격 및 시간도 중요하지만, 팀원들 전원의 동의가 반드시 필요하다. 블랙이글스 조종사들에게 Teamwork은 생명과도 같은 의미가 있기 때문이다.

TEAM에 의미를 부여하면, T : Together, E : Endeavor, A : Achieve, M : More, 함께 노력하여 더 많은 것을 얻는 것이 바로 TEAM이다.

기업에서는 업무의 효율성을 증진시키기 위해 팀 단위의 조직을 구성하여 운영하고 있다. 하지만 개개인의 참여가 필요한 Teamwork이 결여된다면 해당 팀은 업무성과를 달성하지 못하게 되며, 결국은 개개인까지 손해를 보게 된다. 팀의 공동목표 달성을 위해 팀원의 일부 희생은 필요하겠지만, 이는 모두를 위한 희생이며, 또한 나를 위한 희생일 것이다. 기업의 팀 또한 신뢰와 믿음을 바탕으로 협동하여 운영이 된다면 더 많은 목표를 달성할 수 있을 것이라 생각된다.

05. 책 속에서 삶을 배우다

(1) 내려놓음 - 아브라함이 이삭을 내려놓다

내려놓음이라는 책의 저자는 몽골에서 선교활동을 했던 이용규 선교사이다. 이 책에서 제일 기억에 남는 것은 아브라함이 이삭을 내려놓는 것이다. 아브라함이 칼을 높이 들었을 때, 하나님은 이미 아브라함의 내려놓음의 제사를 받으셨다. 아브라함은 하나님의 뜻에 따라 이삭을 내려놓으니 이후 하나님은 더 많은 것을 아브라함에게 주게 된다.

옛날 이야기로, 3대 독자인 어린 손자의 한쪽 손이 집안 가보로 여기는 청자 안에 끼어서 빠지지 않는 상황이 발생했다. 할아버지 입장에서는 참으로 난감하다. 손자의 손을 빼자니 청자를 깨트려야 하고, 청자를 보존하자니 손자 손이 빠지지 않는다. 결국 할아버지는 청자를 깨트리고 손자의 손을 꺼냈는데, 주먹을 쥐고 있어 손이 빠지지 않았고, 주먹 쥔 손에는 달랑 사탕 하나가 쥐어져 있었다.

　아브라함과 3대 독자 이야기를 통해, 쉽지는 않지만 내가 쥐고 있으면서 그 속에 갇혀 있는 나의 욕심을 내려 놓아야 한다는 생각을 많이 한다. 내 것에만 너무 매달리지 말고 타인을 배려하는 자세가 필요하다.

　TV의 예능 프로그램의 게임을 보다 보면 간혹 "나만 아니면 돼", "나만 안 걸리면 돼"라는 표현을 사용하는데, 지극히 자신만 생각하는 매우 이기적인 표현이라 참으로 거슬린다. 대중에게 방송되는 내용이니만큼 나보다는 우리를 생각하는 용어선택이 필요하겠다.

　배려의 사전적 의미는 내가 가진 것의 일부를 줌으로써 도와준다는 것이다. 책의 표지 그림처럼 꼬마는 우의를 입고 있기 때문에 꼬마가 가지고 있는 것의 일부인 우산을 어른에게 주는 것이다. 내 것이지만 필요치 않을 때, 다른 사람이 더 필요로 할 때 나의 것을 내려놓는 것, 이것이 마음을 움직이는 힘, 배려이다.

한상복 작가의 책, 배려 표지

(2) 책 읽기의 괴로움과 듣기

둘째 딸은 주례 없이 양가 부친이 축사하는 방식으로 결혼식을 하였는데, 두 권의 책 내용으로 축사를 했다.

하나는 문학평론가 김현 선생의 평론집 책 읽기의 괴로움이다. 책을 읽을 때는 신데렐라도 되고, 심청이도 되고, 알라딘도 된다. 하지만 책을 덮고 나면 현실의 내가 되어 돌아온다. 이상과 현실의 괴리 속에서 착각도 하고 번민도 하는 과정이 괴로운 것이다. 하지만 결론은 책을 읽어야 한다는 것인데, 책을 통해 지식과 간접경험을 쌓음으로써 자신의 미래를 개척하는 원동력이 되기 때문이다.

또 하나는 잃어버린 지혜, 듣기이다. 서정록 작가는 얘기한다. "어느 듣기나 모두 마음과 관련이 있다. 모든 문제는 듣지 않는 데서 시작된다. 미워서 못 듣고, 싫어서 못 듣고, ~~~, 편견을 가지고 있어 못 듣고, ~~~, 마땅치 않아 못 듣는다."라고. 말하기는 쉬워도 듣기는 참으로 어렵다. 많은 인내가 필요한데, 특히 나이가 들수록 더 그렇다. 그래서 나이가 들면 말이 많아지는 모양이다. 대화의 제일 중요한 방법, 듣기임을 명심하여 상대방의 말을 들어야겠다.

축사에서 언급한 것은 책을 통해 꿈을 가져라, 그리고 부부간에 자신의 말만 하지 말고 배우자의 말을 경청하고 이해하려 노력하라는 것이었다.

(3) 세 치 혀 - 죽이고 살린다

책 제목 '세 치 혀'는 홍경호 작가의 책이다. 작가는 세상을 바꾸는 것은 사람이고, 사람을 움직이게 하는 것은 세 치 크기의 혀라고 얘기한다.

논어에 나오는 사불급설駟不及舌은 한번 내뱉은 말은 네 마리의 말이 끄는 수레로도 따라잡지 못한다는 뜻으로, 소문이 삽시간에 퍼지니 말을 삼가야 한다는 의미이다.

채근담에는 한마디의 말로 천지의 조화를 깨뜨리게 되니 깊이 경계해야 한다고 하며 말을 조심하라고 이르고 있다.

진나라 부현의 저서 구명口銘에 나오는 화종구출禍從口出은 모든 재앙은 입으로부터 나온다는 뜻으로, 말하는 것을 항상 조심하고 유념하라는 것이다.

전국시대 연나라의 소진은 진나라를 경계하기 위한 계획인 합종책을 세 치 혀로 설득함으로써 여섯 나라의 재상이 되었으며, 위나라의 방연은 동문수학한 손빈을 세 치 혀로 모함하였다가 결국은 온몸에 화살을 맞고 죽었다. 세 치 혀를 앞세워 하루아침에 벼락출세를 하는가 하면, 세 치 혀로 인해 명을 재촉하는 것을 역사나 현실에서 많이 보게 된다.

보통 사람은 생활하면서 듣는 비율이 45%이고, 말을 하는 비율이 30%라고 한다. 귀는 둘이고 입은 하나이므로 말을 많이 하기보다는 듣기에 힘써야 하겠다.

(4) 아니 땐 굴뚝에도 연기 난다

거짓이 진실이 되다 - 증삼살인

"계속 가보겠습니다"는 임은정 검사가 쓴 책이다. 일부 법으로 장난치는 부류가 아닌, 공무원으로서 공명정대하게 바라보고, 의견을 말하고, 개선하려는 업무수행 자세와 추진력을 좋아하게 되었고, 지금은 마음으로 많이 응원한다. 정명원 검사가 쓴 "친애하는 나의 민원인"을 보면서 국가의 주체인 국민의 입장에서 업무를 한다는 생각을 하게 되었고, 이러한 사람도 있다는 것이 다행이라고 생각했다.

"계속 가보겠습니다"에서 저자는 권력이 아니라 법을 수호하는 대한민국의 검사임을 강조한다. 헌법재판소의 결정도 무시하는 요즈음에 새겨들어야 하겠다. 에필로그에서 "부끄러운 선배들과 검찰사를 성찰하고 검사 선서대로 살기 위해 종종거리다 보면, 비록 보잘 것 없지만 어둠을 조금이나마 내모는 반딧불이가 될 수 있지 않을까, 양심을 지키기 위해 저항한 사회적 모델 하나가 될 수 있지 않을까 싶네요. 검사 선서를 읊조리며 씩씩하게 계속 가보겠습니다."라며 책을 마무리한다.

증삼살인曾參殺人은 "계속 가보겠습니다"의 저자가 인용한 소문의 힘에 대한 유명한 고사이다. 증삼이 사람을 죽였다는 뜻으로, 거짓말도 반복해서 들으면 믿어버리게 된다는 것으로, 거짓이 진실로 둔갑하게 되는 것이다.

증삼이 중국 노나라의 비읍에 살 때, 이름과 성이 같은 사람이 있었는데 그가 사람을 죽였다. 어떤 사람이 달려와 증삼 어머니에게 증삼이 사람을 죽였다고 하니 증삼의 어머니는 우리 아들이 사람을 죽일 리가 없다고 하며 태연하게 베 짜는 일을 계속했다. 얼마 후에 또 다른 사람이 와서 증삼이 사람을 죽였다고 하였으나 증삼의 어머니는 그 말을 믿지 않고 여전히 태연하게 베를 짰다. 그러나 다시 얼마 후, 또 다른 사람 달려와 증삼이 사람을 죽였다고 외치니 증삼의 어머니는 두려운 나머지 베 짜는 북을 내던지고 담장을 넘어 도망했다는 내용이다.

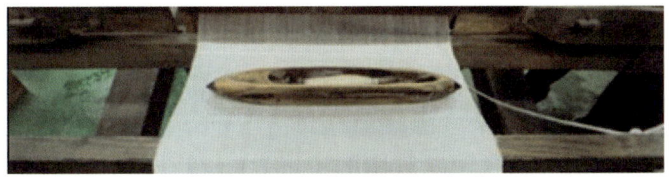

베 짜는 도구, 북

증삼의 현명함과 어머니의 신뢰에도 불구하고, 여러 사람이 얘기하면 자애로운 어머니조차도 아들을 믿지 못하게 된다는 것으로, 거짓말 또는 헛소문도 여러 차례 반복되면 사실처럼 된다는 것을 비유하는 말이다.

거짓이 진실이 되다 - 삼인성호

삼인성호三人成虎 또한 거짓말도 여러 사람이 하면 믿게 된다는 것이다.

중국 전국시대 위나라는 조나라에 태자와 그의 수행원으로 중신과 방총 두 신하를 볼모로 보내게 되었는데, 방총은 조나라로 떠나기 전 왕에게, 저잣거리에 호랑이가 나타났다면 믿겠냐고 물었으며 왕은 믿지 않을 것이라고 대답했다. 이어 방총은 한 사람이 아니라 두 사람이 같은 말을 한다면 믿으시겠냐고 물었고, 여전히 왕은 믿지 않을 거라고 대답했다. 그러나 만약 세 사람이 같은 말을 한다면 믿겠냐고 묻자 왕은 그때는 믿을 것 같다고 대답했다. 그러자 방총이 "저잣거리에 호랑이가 나타날 리는 없습니다. 그런데도 세 사람이 똑같은 말을 하면 호랑이가 나타난 것이 됩니다."라고 하였다.

방총은 조나라로 떠난 이후 자신을 거짓으로 비방하는 자가 있을 것을 염려하여 이런 말을 한 것이었다. 이에 왕은 어떤 비방도 스스로 보고 듣지 않은 이상 결코 믿지 않을 것이라 대답했다. 그러나 수년 후 태자는 위나라로 돌아왔지만 방총은 끝내 돌아오지 못했다. 방총에 대한 잦은 참소는 반복 학습으로 이어져 확신을 낳게 되었고 그 확신은 죄인을 만들기에 충분했다. 그럴듯하게 꾸며대며 계속된 주입식 보고는 마침내 들은 대로 믿게 되어 잘못된 판단을 하게 되었다.

삼인성호는 사실이 아닌 것을 그럴듯하게 속여 믿게 하거나 혹세무민하는 것을 이르는 말이다. 거짓 또는 헛소문이 부도덕한 몇몇을 위해 진실을 덮는 것을 경계해야 하겠다.

(5) 윤리와 법 - 도덕을 무시하는 법

윤리의 사전적 의미는 사람으로서 마땅히 지키거나 행해야 할 도리나 규범을 뜻한다. 도덕은 인간이 지켜야 할 도리나 바람직한 행동 규범을 의미한다. 법은 국가의 강제력을 수반하는 온갖 사회 규범을 말한다.

우리의 사회는 사람이기에 지켜야 할 것, 인간이기에 지켜야 할 도리나 행동을 중요시하고 지키도록 교육하고 조언한다. 우리 사회를 지탱하는 커다란 기둥은 이러한 윤리와 도덕이며, 법은 윤리와 도덕을 지키게 하는 보조수단으로 국가의 강제력을 갖고 있다. 하지만 언제부터인지 윤리와 도덕은 뒷전이고 법만을 내세우는 사회로 변모해가고 있음을 안타깝게 생각한다.

모든 것을 법으로 정할 수 없기 때문에 법의 허점과 빈 공간을 이용해 요리조리 피해 가는 사람을 법法꾸라지라 부른다고 한다. 별장 성접대로 유명한 사건이 있다. 이를 무마하려 연예인 도박사건을 터뜨렸다는 의혹이 있고, 성접대 얼굴이 선명하게 뉴스에 나왔는데도 본인은 아니라고 한다. 피해자에게는 얼굴도 예쁘게 생겼는데 잊고 살아라고 했다는데, 결론은 대법원이 기소된 모든 혐의에 대해 원심의 무죄판결을 확정함으로써 종료되었다고 한다. 초록은 동색이라 했던가.

단지 하나의 실제 사례일 뿐이지, 차고도 넘친다는 현실, 뻔뻔함이 만연하는 현실이 안타깝다. 본인은 그러하면서 남들에게는 똑바로 걸으라고 얘기할 수 있을까.

　물이 아주 서서히 끓어오르는데, 지금은 미미하여 변화를 느끼지 못한다고 해서 유리그릇에 그냥 머무를 것인가? 뛰쳐나와 올바른 삶을 찾을 것인가? 당신들이 선택해야 한다.

　인성이란 사람의 성품으로, 성품은 마음의 바탕이며 됨됨이를 말한다. 우리 젊은 세대들은 지난 세대의 부도덕한 측면을 직시하고, 윤리와 도덕을 바탕으로 한 바람직한 인성을 형성함으로써 더불어 사는 건전한 사회인으로 성장하기를 기대해본다. 많은 부도덕한 측면을 보여주고 있는 현실에서, 지난 세대의 한 사람으로서 젊은 세대들에게 미안한 마음을 대신 보낸다.

　미래는 꿈꾸는 자의 것이라 했다. 윤리와 도덕이 우선인 세상, 정상적인 사람들이 사는 세상을 꿈꾸어 본다.

(6) 이솝우화 - 아가야, 똑바로 걸어라

이솝우화는 우리 삶에 많은 깨우침을 주는데, 그중 하나가 아기 게와 어미 게에 관련한 것이다.

어미 게가 아기 게에게 말한다.

"아가야, 옆으로 삐뚤게 걷지 말고 앞으로 똑바로 걸으렴."

그러자 아기 게가 얘기한다.

"엄마, 나는 엄마와 똑같이 걷고 있어요. 바닥에 찍힌 발자국이 우리 둘 다 옆으로 이어져 있잖아요."

자신은 솔선수범하지 않으면서, 다른 사람에게 똑바로 하라고 얘기하는 사람을 비유할 때 인용하는 이야기이다.

자식의 학교폭력으로 애를 먹는 부모들이 있다. 어떤 사람은, 다른 사람을 향해 자식은 부모의 거울이라며 뻔뻔하게 떠들어대더니, 정작 본인의 자식이 가혹한 학폭의 가해자였다. 한 치 앞뿐만 아니라 자신조차도 모르고 떠들어댄다.

언행이 일치하지 않는 부모의 잔소리는 오히려 자녀에게 해가 된다. 자녀들은 부모의 잔소리로 자라는 것이 아니라 부모의 등 뒤에서 부모의 삶을 보고 자란다는 것을 알아야 한다.

(7) 우물 안 개구리

우물 안 개구리는 장자 17편에 나오는 문구 "정와불가이어해"井蛙不可以語海에서 기원한 속담이다.

황하의 신 하백河伯은 자신이 다스리는 황하가 가장 넓은 줄 알았는데, 황하보다 더 큰 바다를 보는 순간 넓은 것보다 더 넓은 것이 있다는 것을 깨달았다. 이때 바다의 신 약若이 하백에게 세 가지를 충고 한다.

井蛙不可以語海 拘於虛也 정와불가이어해 구어허야

우물 속 개구리에게 바다에 대해 설명할 수가 없다. 그 개구리는 우물이라는 공간에 갇혀 있기 때문이다.

夏蟲不可以語氷 篤於時也 하충불가이어영 독어시야

한여름만 사는 여름 곤충에게 얼음에 대해서 설명해줄 수 없다. 그 곤충은 오로지 자신이 사는 여름이라는 시간에만 갇혀 있기 때문이다.

曲士不可以語道 束於教也 곡사불가이어도 속어교야

편협한 지식인에게는 도에 대하여 설명해줄 수 없다. 그 사람은 자신이 알고 있는 가르침에만 묶여 있기 때문이다.

사자성어로는 井底之蛙 정저지와 와 坐井觀天 좌정관천 이 있다. 井底之蛙 정저지와 는 우물 아래 사는 개구리라는 뜻으로 식견이 좁고, 거만하고 잘난 척하는 사람을 비유한다. 坐井觀天 좌정관천 은 개구리가 우물 안에서 위를 바라보면 우물 밖으로 보이는 하늘이 세상의 전부인 줄 착각하게 된다는 것으로 견문이 매우 좁음을 이르는 말이다.

비행교육원에 있을 때 당시 비행교육원장이 우물 안 외눈 개구리에 대해 자주 얘기했다. 우물 밖에 사는 눈 두 개의 개구리가 발을 헛디뎌 우물에 빠졌는데, 그 우물 안에는 외눈 개구리만 살고 있었다. 우물 안에 사는 외눈 개구리들은 눈 두 개의 개구리를 보고 손가락질하며 비정상이라고 놀려댄다. 우물 안에 갇혀 밖의 세계를 모

르는 것에 추가하여 눈 한 개가 정상이라고 착각하는 것이다. 당시 비행교육원장은 비행교육에 대한 확고한 신념으로 비행교육원을 운영하였는데, 그 안에만 갇혀 있는 사람들이 내부적인 상황만 가지고 뒷담화를 할 때 안타까워서 표현한 말이었다.

작은 세상에만 갇혀 있어 그것이 전부인 양 착각하고, 다른 사람을 배타적으로 생각하는 자세는 자제되어야 자신도 발전하고 조직도 발전한다. 영국 속담에 'Penny wise, Pound foolish.'라는 말이 있다. 잔돈에는 현명한데, 단위가 커다란 돈에는 바보스럽다는 것은 결국 소탐대실과 같은 의미이다. 우물 안 작은 세상이 전부인 양 생각하지 말고, 뛰쳐나와 넓은 세상으로 나아가야 하겠다.

(8) CEO는 낙타와도 협상한다

CEO는 낙타와도 협상한다는 안세영 박사가 쓴 책으로 삼성경제연구소에서 발간하였다.

서두에 아라비아 상인이 낙타와 협상하는 대목이 나온다. 이글거리는 한낮의 태양 아래 사막에서 상인은 낙타 등에 타고서 사막을 건너간다. 낙타는 등에 탄 상인의 목숨이 자신에게 달려 있다는 것을 안다. 그래서 한껏 오만해져서 온갖 못된 성질을 부리지만, 상인은 절대 화를 내서는 안 된다. 왜냐하면 뙤약볕 아래 사막을 혼자 걸어갈 수 없기 때문이다. 상인은 참고 참아서 오아시스까지 온 다음 야자나무에 낙타를 묶어놓고 나서 신나게 두들겨 패면서 화풀이를 한다. 그런데 그냥 가버리면 앙심을 품은 낙타가 다음날 사막 한가운데에서 앙갚음을 할 수도 있다. 그래서 상인은 자신의 터번을 던져주고 숙소로 돌아간다. 낙타는 주인의 터번을 밤새 물고 뜯으면서 맞았던 화풀이를 한다. 그리고 다음날 아침, 상인과 낙타는 아무일 없었다는 듯이 다시 사막을 건너간다.

또 하나의 이야기는 미국 캔터키 주에 사는 노부부 얘기이다. 50년 넘도록 부부싸움 한 번 해본 적이 없었다고 한다. 한 기자가 할머니에게 그 비결을 물었는데, 결혼식 후 사하라 사막으로 신혼여행을 간 얘기를 들려주었다. 사막에서 낙타를 타고 관광을 하는데, 첫날 신랑이 탄 낙타가 성질이 고약해서 신랑을 몹시 흔들어대더니 모래바닥에 내동댕이치고 말았다. 신랑은 조용히 일어나서 모래를 툭툭 털더니 낙타에게 "이번이 첫 번째야."라고 한마디 하고 다시 올라탔다. 둘째 날도 같은 낙타를 탔는데, 전날처럼 흔들어대더니 또다시 모래바닥에 내동댕이를 치고 말았다. 신랑은 일어서서 "이번이 두 번째야." 하면서 다시 올라탔다. 그때 신부는 정말 성격 좋은 남자친구하고 결혼했구나라고 생각했다. 그런데 셋째 날, 신랑은 같은 낙타를 탔고 또다시 떨어졌다. 이번에도 신랑은 화를 내지 않았다. 조용히 옆구리에 찬 총을 꺼내더니 '탕' 하고 쏴버렸다. 신부는 너무 놀라서 "어쩌면 그렇게 잔인할 수가 있느냐?"라고 소리 지르며 화를 냈다. 그러자 신랑은 신부를 바라보더니, 신부를 손가락으로 가리키며 이렇게 경고했다. "이번이 첫 번째야." 이 말은 들은 할머니는 기가 질려 50년 동안 할아버지와 언쟁 한 번 못했다고 한다. 첫 번째와 두 번째는 너그럽게 넘어가지만, 세 번째에는 예측할 수 없을 만큼 무섭게 폭발해버리는 배우자를 만났기 때문이다.

이 이야기들은 우화적인 성격이 있지만, 경우에 따라서는 동물과도 협상해야 하고, 부부간에도 보이지 않는 밀고 당기는 협상을 해야 한다.

993년, 고려 성종 때, 서희 장군은 거란과의 협상으로 전쟁을 피했을 뿐 아니라 압록강변의 강동 6주까지 되돌려 받았다. 서희 장군은 협상에 앞서 상대방의 의중Bottom Line을 정확히 파악했다. 거란은 송나라를 정벌하여 중국대륙을 차지하려는 것인데, 섣불리 출병하였다가 친송 외교정책을 표방하는 고려가 기습을 하면 뒤통수를 얻어맞는 격이 되므로 고려를 먼저 제압하려는 것이었다.

이를 간파한 서희 장군은 송나라와 동맹관계를 단절하겠다는 협상 카드를 내놓았다. 송을 정벌하기 위한 거란의 입장에서도 굳이 고려와 전쟁을 하여 이로울 게 없었다. 그래서 서로 Win-Win하는 성과를 거두게 되었고, 거란의 소손녕이 협상을 마무리하고 돌아가려 할 때 서희 장군이 막았다. 고려 조정에는 강경파인 친송파가 득세하고 있는데, 송나라와 동맹관계만 끊겠다 하고 개성으로 돌아가면 고려의 왕과 조정의 강경파를 설득할 수가 없다고 말하였다. 그러자 소손녕은 일리가 있다고 생각하고 무엇을 원하는지를 물으니, 서희 장군은 옛 고구려 영토인 강동 6주를 돌려받으면 협상 결과에 대해 반론이 없을 것이라 얘기함으로써 전쟁은 피하면서 강동 6주는 돌려받게 되었다.

그로부터 650여 년이 흐른 1637년, 조선 인조 때 만주족이 일으킨 청나라 태종은 조선에 명나라와의 관계를 끊으라고 요구하고 나

섰다. 조선의 조정은 고려와 마찬가지로 강경파와 화친파로 나뉘어 우왕좌왕했으며, 불행히도 서희 장군과 같은 뛰어난 협상가가 없었기에 병자호란으로 인조는 남한산성으로 도망갔다가 결국은 삼전도에서 청나라 태종 앞에 엎드려 비굴하게 항복의 예를 치러야 했다.

뛰어난 사태분석과 협상력으로 전쟁을 피하면서 강동 6주를 되찾은 고려의 서희 장군과 사태분석은커녕 사태파악도 못하고 당파 싸움만 하다 화를 입은 조선의 병자호란을 보면서 협상을 잘하면 나라의 전쟁까지도 막을 수 있음을 배워야 하겠다. 하나 되는 한반도를 만들어 미래의 세대들에게 넘겨주어야 한다는 책임감보다는 정치적으로 이용하려 하는 작금의 현실이 안타깝고, 능력 있는 인재를 찾기보다는 얼룩진 자신 계통의 인재를 세탁하여 사용하려 하니, 인조시절과 같은 역사를 잊은 나라가 되지 않을까 우려스럽기도 하다.

고종이 엎고 일제가 세운 삼전도비

1895년 고종 32년 고종은 사대관계를 상징하는 영은문과 함께 삼전도비각을 무너뜨리고, 비석은 귀부에서 뽑아서 엎어버렸다. 이로부터 20년 넘게 방치되어 있던 삼전도비는 일제강점기 조선총독부에 의해 '삼전도 청태종공덕비'라는 굴욕적인 이름으로 다시 복구되었는 바 일본의 야비한 민족말살 정책의 한 단면을 볼 수 있다.

일본에 대해서는 과거뿐 아니라 현재에도 저지르고 있고, 그리고 미래에도 저지를 것으로 예상되는 씨앗들이 너무너무 많아 더 이상 언급하지 않겠다.

(9) 법정스님 - 항상 옆에 계신 듯, 항상 좋아한다

「그물에 걸리지 않는 바람처럼」 중에서

소리에 놀라지 않는 사자처럼
그물에 걸리지 않는 바람처럼
진흙에 더럽히지 않는 연꽃처럼
무소의 뿔처럼 혼자서 가라.

장익 주교님과 법정스님

「산방한담」에 실린 한 편의 글로 이 책을 마무리한다.

대 그림자 뜰을 쓸어도
먼지 하나 일지 않고
달이 물 밑을 뚫어도
물 위엔 흔적조차 없네.

용어 설명

한글 용어 설명
영어 용어 설명

한글 용어 설명

ㄱ

가로세로비 : Aspect Ratio, 날개 길이와 시위선의 비율

간섭항력 : Interference Drag, 구성품들 사이에 발생하는 공기흐름의 상호작용으로 인한 항력. 각각의 구성품들 사이에 충분한 간격을 유지하거나 연결 부분을 매끄럽게 하면 최소화할 수 있음

강하각 / 활공각 : GS for an ILS glideslope, 지상에 설치된 ILS 장비에서 강하각 약 3°의 빔을 투사하고 항공기는 이를 수신하여 강하각 / 활공각을 유지함

강하경로 : GP for a VNAV glidepath, FMS가 입력된 지점에 도달하기 위해 계산하여 제공하는 일정한 강하각의 강하경로

경계층 : Boundary Layer, 물체가 물이나 공기와 같이 점성이 작은 유체 속을 운동할 때, 물체의 표면에 접하는 유체의 얇은 층

경계층판 : Boundary Layer Fences, Wing Fences윙 펜스, 공기흐름이 일직선이 되도록 유도함으로써 공기의 박리를 막아주어 날개 전체가 갑자기 실속되는 것을 방지하고, 저속에서 에일러론 조종특성을 양호하게 함

공력가열 : Aerodynamic Heating, 비행체 표면 근처에서 공기의 마찰 · 압축으로 비행체의 표면이 가열되는 현상

공항 : Airport, 승객이나 화물을 수송하기 위하여 비행기가 이륙 및 착륙을 할 수 있도록 시설을 갖춘 곳

과급기 : Turbocharger, Supercharger, 왕복엔진에 보다 많은 산소를 공급해 불완전연소를 줄이는 방식으로 출력과 효율을 높이는 장치

구심력 : Centripetal Force, 원 운동을 하는 물체에서 원의 중심방향으로 작용하는 일정한 크기의 힘. 물체의 운동방향에 수직으로 작용

극초음속 : Hypersonic, 마하 5.0 이상의 속도

기수 : Nose, 비행기의 머리 부분

ㄴ

난류 : Turbulence, 유체의 각 부분이 시간적, 공간적으로 불규칙하게 움직이면서 서로 섞이는 흐름, 유체의 흐름이 바르지 않고 상하좌우로 섞이면서 흐르는 것

날개 끝 소용돌이 : Wingtip Vortex, 날개 끝에서 발생되는 소용돌이

날개 끝 와류 : Wingtip Vortex, 날개 끝 소용돌이

ㄷ

다이어프램 : Diaphragm, 공기압 또는 유압을 변위로 바꾸는 장치. 예를 들어 속도계의 다이어프램은 피토관을 통한 공기압을 변환시켜 속도계로 보여줌

대기압 : Atmospheric Pressure, 지구 상공을 둘러싸고 있는 공기의 무게 때문에 발생되는 압력

대류권 : Troposphere, 대기권의 가장 아래층. 두께는 위도와 계절에 따라 변화하지만 대체로 약 11km 정도이며, 공기가 활발한 대류를 일으켜 기상현상이 발생함

도살 핀 : Dorsal Fin, 등지느러미, 수직안정판 앞쪽으로 확장된 부분임. 방향 안정성을 증가시킴

뒷전 : Trailing Edge, 날개 뒷전, 날개의 맨 뒤 가장자리

ㄹ

램 에어 : Ram Air, 대기 중을 비행할 때 피토관이나 공기 흡입구 등으로 유입되는 공기

러더 : Rudder, 비행기의 수직 꼬리 날개에 설치된 주 조종면. 러더의 각도 변경으로 비행기는 수직축을 중심으로 운동하게 됨

레이키드 윙팁 : Raked Wingtip, 뒤로 경사지게 한 윙팁, 유도항력을 유발하는 날개 끝 소용돌이Wingtip Vortex를 줄임으로써 양력을 증가시킴

롤링 : Rolling, 비행기 세로축을 기준으로 좌/우로 경사지는 운동

ㅁ

마하수 : Mach Number, 속도의 단위를 나타내는 말. 음속의 몇 배 속도인지를 나타냄

마하 콘 : Mach Cone, 마하파의 원추 모양

마하 파 : Mach Wave, 소리의 속도보다 빠르게 공기 속을 진행하는 물체가 남긴 원뿔형의 파면을 가진 음파

ㅂ

바이패스 비 : Bypass Ratio, 팬에서 생성되는 공기흐름 중 주 추력을 발생하는 바이패스 플로우와 엔진으로 유입되는 공기흐름Primary Air Stream의 비율

바이패스 플로우 : Bypass Flow, 팬에서 생성된 공기흐름 중 엔진으로 유입되는 공기흐름 Primary Air Stream을 제외한, 주 추력을 생성하는 공기흐름

박리 : Separation, 공기흐름이 일정 속도 이하로 감소하게 되면 공기는 더 이상 날개 표면을 따라 흐르지 못하고 표면으로부터 떨어지게 되는 현상, 실속을 유발함

받음각 : AOA, Angle of Attack, 상대풍Relative Wind과 날개 단면의 시위선Chord Line 사이의 각도

방빙 : Anti Ice, Icing 형성을 방지

뱅크 : Bank, 선회를 위한 좌/우 경사각

버드 스트라이크 : Bird Strike, 조류충돌

버펫 : Buffet, 공기흐름의 박리Separation는 날개 뒤에서 난류를 만들고, 이러한 난류는 꼬리날개에 영향을 주어 발생되는 떨림현상

벤트럴 핀 : Ventral Fin, 배지느러미, 동체의 하부 끝부분에 확장 고정된 부분으로, 방향 안정성을 증가시키는 역할을 함

복원력 : 다시 원래의 위치로 되돌리려는 힘

분당 회전 : Rpm, Revolutions per minute

블랙아웃 : Black Out, 뇌로 가는 혈류가 부족하여 생기는 현상으로, 눈앞이 캄캄해지면서 의식을 잃을 수 있음

블레이드 : Blade, 프로펠러·터빈 등의 날개깃

비행선 : 큰 기구 속에 헬륨이나 수소 따위의 공기보다 가벼운 가스를 넣고 공중으로 띄운 뒤 기관을 조종하여 공중을 날아다니도록 만든 항공기

비행운 : Contrail, 맑고 차갑고 습한 공기 중을 비행하는 비행기의 뒤쪽에 종종 보이는 구름. 비행기 엔진에서 연료가 연소될 때 생성되는 수증기가 높은 고도의 낮은 온도에서 응결되어 형성됨. 또한 공기 중의 수증기가 거의 포화상태일 때 날개에서의 공기압력과 온도가 떨어져서 만들어지기도 함

비행장 : Airfield, 비행기가 뜨고 내릴 수 있도록 활주로 따위의 여러 가지 설비를 갖추어 놓은 장소

빙정 : Ice Crystal, 대기가 0°C 이하로 냉각되었을 때, 대기 중에 생기는 작은 얼음 결정으로 크기가 0.1mm 이하인 것

빙정핵 : Freezing Nucleus, 과냉각상태에서 얼음결정이 자라도록 유도하는 미립자

ㅅ

섬광등 : Strobe Light, 짧은 시간 동안 아주 밝은 빛을 빠르게 점멸하는 조명장치

성층권 : Stratosphere, 대류권 바로 위에 존재하며, 고도 약 50km까지의 대기층. 대기를 조성하는 기체의 19%를 보유하고 있지만, 수증기는 거의 존재하지 않음. 오존층이 존재하여 태양의 자외선으로부터 지구의 생명체를 보호함

소닉 붐 : Sonic Boom, 음속폭음, 충격파 전후의 압력 차이로 인해 발생하는 폭음

소용돌이 : Vortex, 와류

수막현상 : Hydroplaning, 물이 덮여 있는 활주로에 착륙할 때 활주로상의 얇은 수막으로 인해 타이어가 활주로 표면 위에 뜬 채로 미끄러지면서 이동하는 현상. 제동 거리가 길어지고 방향을 제어하기 어려운 상황이 발생함

수직 충격파 : Normal Shock Wave, 공기흐름에 수직으로 발생하는 충격파

슈퍼챠져 : Super Charger, 엔진 축에 공기흡입 압축펌프를 연결함으로써 실린더로 유입되는 공기량을 증가, 터보챠져에 비해 보다 더 효율적임

스톨 스트립 : Stall Strip, 실속 속도에 접근함에 따라 날개 끝에서 실속되기 전에, 날개 뿌리의 Stall Strip을 통과한 난류가 떨림현상을 일으켜서 조종사에게 실속에 대한 조기 경고를 하게 함

스포일러 : Spoiler, 날개 윗면에 장착된 고항력 장치. 비행기의 감속 하강이나 좌우 기울기 조정을 용이하게 함

스핀 : Spin, 비행기가 나선형 강하하면서 회전하는 악화된 실속

슬랫 : Slat, 날개 앞전에 공기이동 통로인 슬롯을 형성하기 위한 장치

슬롯 : Slot, 날개 앞전과 슬랫 사이의 통로. 공기의 일부를 슬롯을 통해 윗면으로 흐르게 함으로써 박리를 지연시킴

시위선 : Chord Line, 에어포일의 앞전과 뒷전을 연결하는 직선

실속 : Stall, 비행기의 속도가 특정 속도 이하로 느리거나, 비행기가 가질 수 있는 최대 받음각 이상으로 받음각을 지나치게 높였을 때 공기흐름의 박리Separation로 인하여 양력이 감소하고 항력이 급증하며, 박리된 공기흐름으로 인해 조종면의 반응이 정상적으로 이루어지지 않아 양력과 조종성을 잃게 되는 현상. 양력이 중력을 이겨내지 못할 만큼 약해진 상황이며, 회복하지 않으면 추락하게 됨

아네로이드 : Aneroid, 특정 압력의 공기를 넣은 금속제 용기로, 기압 변화에 따라 부풀거나 오그라듦

아음속 : Subsonic, 마하 0.75 이하의 속도

아이싱 : Icing, 착빙, 비행기 날개 및 프로펠러, 동체 등에 부분적으로 얼음이 부착하는 것

앞전 : Leading Edge, 날개 앞전, 날개의 맨 앞 가장자리

애프터버너 : Afterburner, 추가적 출력 증가를 위한 재연소 장치

양력 : Lift, 액체나 기체와 같은 유체 속에서 물체가 운동할 때, 그 운동방향에 대하여 직각으로 작용하는 힘

양력계수 : C_L, Lift Coefficient, 어떤 특정 에어포일에 관련되는 양력을 정해주는 계수

열권 : Thermosphere, 중간권계면으로부터 고도 약 690km이며, 대기의 99.9%가 열권 아래에 있으므로 열권의 공기는 매우 희박함

에어포일 : Airfoil, 날개 단면, 양력을 최대화하고 항력을 최소화하도록 효율적으로 만든 유선형의 날개 단면

에일러론 : Aileron, 비행기 날개의 뒷전 끝단에 장착된 주 조종면. 에일러론의 각도 변경으로 비행기는 세로축을 중심으로 운동하게 됨

엘리베이터 : Elevator, 비행기의 수평 꼬리 날개 또는 후방부에 설치된 주 조종면. 엘리베이터의 각도 변경으로 비행기는 가로축을 중심으로 운동하게 됨

와류 : Vortex, 소용돌이

와류 발생기 : Vortex Generator, 날개에 있는 작은 금속판, 날개 윗면 앞부분, 또는 조종면의 전방에서 와류를 생성하여 경계층에 에너지를 추가함으로써 박리를 지연시켜 실속 받음각을 증가시킴

요잉 : Yawing, 비행기의 수직축을 중심으로 기수를 좌/우로 변경시키는 운동

위그선 : WIG, Wing in ground effect craft, 수면 위에 살짝 떠서 운항하도록 만든 배. 비행기와 같은 날개가 달려 있어 해수면 위를 빠른 속도로 달릴 수 있음

윙렛 : Winglet, 윙팁에 수직으로 붙어 있는 작은 날개, 유도항력을 유발하는 날개 끝 소용돌이Wingtip Vortex를 줄임으로써 양력을 증가시킴

윙 스트레이크 : Wing Strake, 날개 앞 동체 쪽으로 확장된 날개. 높은 받음각과 낮은 속도에서 공기의 박리를 지연시킴으로써 실속을 방지함

윙 펜스 : Wing Fences, Boundary Layer Fences경계층판, 공기흐름이 일직선이 되도록 유도함으로써 공기의 박리를 막아주어 날개 전체가 갑자기 실속되는 것을 방지하고, 저속에서

에일러론 조종특성을 양호하게 함

유도항력 : Induced Drag, 날개가 양력을 발생시킬 때 동반되는 항력

유체 : Fluid, 기체와 액체를 통틀어 이르는 말

유해항력 : Parasite Drag, 항공기 기체 표면에 공기의 마찰력이 발생하여 생기는 항력 즉, 항공기 표면과 공기의 마찰로 인해 생기는 항력

음속 : Sonic, 소리의 속도. 영상 15℃, 1,000hPa 기준 공기 중에서 소리의 속도는 340m/s 이지만, 온도 및 밀도에 따라 변함

음속폭음 : Sonic Boom, 소닉 붐, 충격파 전후의 압력 차이로 인해 발생하는 폭음

응결 : Condensation, 공기 중의 수증기가 포화상태에서 에너지를 방출하며 물방울로 맺히는 현상

응결핵 : Condensation Nucleus, 대기 중에서 수증기가 응결하여 구름이 생성되는 경우에 중심이 되는 고체나 액체의 작은 부유입자

응축 : Condensation, 기체가 액체로 변화하는 현상

일반항공 : GA, General Aviation, 민간 항공국에서 공공의 편의와 요구되는 증명을 받은 운송기 및 대형 항공기의 상업적 운용자를 제외하고 그 이외 항공의 모든 국면을 수행하는 민간 항공 부문

임계 마하수 : Critical Mach Number, 날개 윗면 공기속도가 마하 1.0을 초과하기 직전의 비행기 속도

임계 받음각 : Critical AOA, 비행기가 실속에 이를 수 있는 받음각

ㅈ

자이로플레인 : Gyroplane, 공기력의 작용에 의하여 회전하는 날개에 의한 양력을 얻으며 프로펠러에 의하여 추진력을 얻는 회전익 항공기

점성 : Viscosity, 차지고 끈기가 많은 성질

제빙 : Deice, 형성된 얼음을 제거함

조류충돌 : Bird Strike, 버드 스트라이크

조파항력 : Wave Drag, 수직 충격파 후방의 공기흐름 속도는 아음속으로 느려지고 압력이 증가됨으로써 속도 에너지 일부가 열로 전환되는데, 이것이 항력을 증가시키는 조파항력임

중량 : Weight, 질량을 가진 물체가 만유인력 때문에 지구의 중심으로 끌리는 힘의 크기

중간권 : Mesosphere, 성층권계면으로부터 약 85km 사이에 위치하며 산소분자를 포함한 기체는 점차 엷어짐

중력가속도 : G-Force, Gravitational Force, Gravitational Acceleration, 물체가 운동할 때 중력의 작용으로 생기는 가속도

지면효과 : Ground Effect, 항공기가 지면에 가깝게 낮은 고도로 비행하는 경우 양력이 증가하는 효과. 날개 끝에서 발생하는 날개 끝 소용돌이가 지면의 영향에 의해 감소되면서 유도항력이 감소되어 양력이 증가하는 현상

진대기 속도 : TAS, True Air Speed, 밀도 변화에 따른 실제 이동 속도. 동일한 계기속도IAS를 유지할 경우 고도를 상승하면 밀도가 감소하여 TAS는 증가됨

질량유량 : 유체가 일정한 단면적을 단위시간 동안 흐르는 양

ㅊ

착빙 : Icing, 아이싱, 비행기 날개 및 프로펠러, 동체 등에 부분적으로 얼음이 부착하는 것

천음속 : Transonic, 마하 0.75~1.20의 속도

초음속 : Supersonic, 마하 1.20~5.0의 속도

추력 : Thrust, 물체를 그 운동방향으로 미는 힘, 프로펠러의 회전이나 가스 분사의 반작용에 의하여 생기는 추진력

충격파 : Shock Wave, 물체의 속도가 음속 또는 그 이상일 때 물체에 의해 지속적으로 생성된 음파들이 물체 앞 또는 물체 뒤 원뿔 모양으로 압축되어 형성되는 파. 충격파 뒤에는 고압 영역이 형성되어 속도는 급격히 감소되고 압력 및 온도는 증가함

충돌방지등 : Anti Collision Lights, Beacon Lights, Strobe Lights, 다른 항공기에게 나를 쉽게 식별하도록 하여 충돌을 방지하기 위함임. 나 또한 다른 항공기를 쉽게 식별할 수 있음

ㅋ

캠버 : Camber, 날개에서 양력이 잘 발생하도록 볼록하게 만든 모양

케이징 : Caging, 자이로축을 기준 위치의 바른 방향으로 고정시키는 것

ㅌ

터보차져 : Turbo Charger, 배기가스의 직선운동을 터빈을 통해 회전운동으로 전환 후 여기에 공기흡입 압축펌프를 연결함으로써 실린더로 유입되는 공기량을 증가

터빈 : Turbine, 증기, 가스, 물, 공기 등의 유체가 가지는 에너지를 회전운동으로 바꾸는 장치

테이퍼비 : Taper Ratio, Wing Tip 시위 길이와 Wing Root 시위 길이의 비

트림 : Trim, 조종간의 조종압력을 감소시켜 조종사의 부담을 최소화시켜 줌

트림 탭 : Trim Tab, 트림 탭은 조종면과 반대로 작동함으로써 조종간의 압력을 줄여주는 역

할을 함

ㅍ

평균 캠버 선 : Mean Camber Line, 날개 윗면과 아랫면의 중간을 표시한 선

패러글라이더 : Paraglider, 활공을 즐기기 위하여 특수하게 만든 사각형 또는 직사각형의 낙하산

표면마찰항력 : Skin Friction Drag, 점성이 있는 공기가 비행기 표면을 지나갈 때 점성으로 인하여 공기입자가 표면에 붙어 있으려고 하기 때문에 발생하는 항력

표준대기 : Standard Atmosphere, 해면 기압 1013.25hPa, 해면 온도 15°C, 1,000m 상승 시 6.5°C 기온 감소율을 적용하는 온도 및 기압, 밀도의 가상 수직 분포이며, 고도계 교정과 항공기 성능계산 등의 목적으로 사용. 실제 대기상태의 기온 감소율과는 차이가 있음

풍향계 현상 : Weathervane 현상, 측풍 시 기수가 측풍이 불어오는 쪽풍상쪽으로 틀어지는 현상임

프로펠러 : Propeller, 엔진의 회전력을 추진력으로 변환하는 장치. 날개처럼 생긴 여러 장의 꼬인 깃을 회전축 둘레에 장치하여 기관의 힘으로 회전시킴. 깃이 회전을 하면 앞의 공기나 물 따위가 뒤쪽으로 빠르게 밀려나므로 그 반작용으로 추진력이 생김

플랩 : Flap, 비행기의 날개에서 발생하는 양력을 증가시키는 장치

피칭 : Pitching, 비행기 가로축을 기준으로 기수를 올리고 내리는 운동

피토관 : Pitot Tube, 기체나 액체의 유속을 구하는 장치. 비행기 속도 측정을 위해 사용됨

ㅎ

항공정보간행물 : AIP Aeronautical Information Publication, 국제 민간 항공 협약에 의거하여, 각 가맹국의 주 관청이 각국 공역에서의 비행장 및 지상 원조 시설, 항공 통신, 항공 기상, 항공 교통 규칙, 수색 구조 및 항공로 따위의 안전하고 능률적인 운항에 필요한 각종 정보를 수록한 간행물

항력 : Drag, 어떤 물체가 유체 속을 운동할 때, 그 물체의 운동방향과 반대방향으로 작용하는 힘을 말함

항력 발산 마하수 : Drag Divergence Mach Number, 충격파와 충격파를 지난 공기흐름의 실속으로 인해 항력이 급증하기 시작하는 마하수

항적난류 : Wake Turbulence, 날개 끝 소용돌이Wingtip Vortex에 의해 형성되는 난류

항행등 : Navigation Light, 비행기의 비행방향을 나타내기 위해 사용되는 비행기 조명등의

일종. 빨간색은 왼쪽 날개 끝에, 초록색은 오른쪽 날개 끝에, 백색은 비행기 꼬리에 장착함

행글라이더 : Hang Glider, 사람이 매달려서 기류를 이용하여 공중을 날 수 있게 만든 기구

형상항력 : Form Drag, 비행기 형상에 따라 비행기 주변을 흐르는 공기흐름에 의해 발생되는 항력

활공기 : Glider, 동력이 없이 바람을 타고 나는 비행기

활주로 가시거리 : RVR, Runway Visual Range, 활주로의 중심선상에 있는 항공기의 조종사가 활주로의 표면 표시나 활주로를 나타내는 등화 또는 중심선을 식별할 수 있는 거리

회로 차단기 : C/B, Circuit Breaker, 전기회로에 과부하가 걸리는 것을 방지하는 안전장치

후퇴각 : Sweepback, Swept Back, 날개를 뒤쪽으로 경사를 줌으로써 임계 마하수를 증가시킴

영어 용어 설명

A

aerodynamic heating : 공력가열

AFH : Airplane Flying Handbook

afterburner : 애프터버너

AIP : Aeronautical Information Publication, 항공정보간행물

airfoil : 에어포일

angle of attack : AOA, 받음각

anti ice : 방빙

AOA : angle of attack, 받음각

aspect ratio : 가로세로비

atmospheric pressure : 대기압

B

bank : 뱅크

bird strike : 버드 스트라이크, 조류충돌

blade : 블레이드

black out : 블랙아웃

boundary layer : 경계층

boundary layer fences : 경계층판, Wing Fences윙 펜스

bypass flow : 바이패스 플로우 = Secondary Air Stream

bypass ratio : 바이패스 비

C

camber : 캠버

C/B, circuit breaker : 회로 차단기

centripetal force : 구심력

chord line : 시위선

condensation : 응축

contrail : 비행운

critical AOA : 임계 받음각

critical mach number : 임계 마하수

curfew time : 운항금지시간

D

deice : 제빙

diaphragm : 다이어프램

dorsal fin : 도살 핀

drag : 항력

drag divergence Mach number : 항력 발산 마하수

F

FGC : Flight Guidance Computer

FMS : Flight Management System

form drag : 형상항력

G

GA, General Aviation : 일반항공

g-force : Gravitational Force, Gravitational Acceleration, 중력가속도

GNSS, Global Navigation Satellite System : 위성항법시스템

GP for a VNAV glidepath : 강하경로

ground effect : 지면효과

GS for an ILS glideslope : 강하각 / 활공각

H

hypersonic : 극초음속

I

IAF, Initial Approach Fix : 착륙을 위한 계기접근이 시작되는 지점

IAS, Indicator Air Speed : 계기속도

icing : 착빙

induced drag : 유도항력

interference drag : 간섭항력

J

JP, Jet Propellant : 군용 제트유

L

leading edge : 앞전

lift : 양력

M

Mach cone : 마하 콘

Mach number : 마하수

Mach wave : 마하 파

mean camber line : 평균 캠버 선

mesosphere : 중간권

N

navigation light : 항행등

nm, nautical mile : 해상마일

normal shock wave : 수직 충격파

nose : 기수

P

parasite drag : 유해항력

PHOAK : Pilot's Handbook of Aeronautical Knowledge

Pitot tube : 피토관

propeller : 프로펠러

R

ram air : 램 에어

raked wingtip : 레이키드 윙팁

RVR, Runway Visual Range : 활주로 가시거리

S

separation : 박리

shock wave : 충격파

SID, Standard Instrument Departure : 표준계기출항

skin friction drag : 표면마찰항력

slat : 슬랫

slot : 슬롯

sonic : 음속

sonic boom : 소닉 붐

spin : 스핀

spoiler : 스포일러

stall : 실속

stall strip : 스톨 스트립

standard atmosphere : 표준대기

STAR, Standard Terminal Arrival Route : 표준계기입항경로

stratosphere : 성층권

strobe light : 섬광등

subsonic : 아음속

supersonic : 초음속

sweepback, swept back : 후퇴각

T

taper ratio : 테이퍼비

TAS, True Air Speed : 진대기 속도

thermosphere : 열권

trailing edge : 뒷전

transonic : 천음속

trim : 트림

trim tab : 트림 탭

troposphere : 대류권

turbulence : 난류

V

ventral fin : 벤트럴 핀

vortex : 소용돌이, 와류

vortex generator : 와류 발생기

W

wake turbulence : 항적난류

wave drag : 조파항력

weathervane : 풍향계

WIG, Wing In Ground effect craft : 위그선

wing fences : 윙 펜스, boundary layer fences경계층판

wing in ground effect craf : WIG, 위그선

winglet : 윙렛

wing strake : 윙 스트레이크

wingtip vortex : 날개 끝 소용돌이, 날개 끝 와류